高职高专“十三五”规划教材
高职高专建筑类专业规划教材

建筑工程监理实务

主　编：李浪花　王　维
副主编：甘其利　刘天姿　王晓莹　倪志军
参　编：邓明栩　刘　攀　崔艳清
主　审：范幸义

電子工業出版社
Publishing House of Electronics Industry
北京 · BEIJING

内 容 简 介

本书是根据“全国高职高专土建类精品规划教材”编审会会议精神以及高职高专教育土建类专业指导性教学计划及教学大纲而编写的。共四大任务，任务一是监理基本概述，任务二重点描述施工准备阶段的监理工作，包括各种资料和资质的审查等；任务三主要针对施工阶段的监理工作，也是本书的重点内容；任务四为项目监理作业过程所需的资料。通过任务式的实训编写形式加强学生对项目的认识，可供其他相关专业学生选用。

本书可作为高等职业院校、成人高校建筑工程技术、工程造价、工程监理等专业教材，也可供相关的工程技术人员参考。

未经许可，不得以任何方式复制或抄袭本书之部分或全部内容。
版权所有，侵权必究。

图书在版编目（CIP）数据

建筑工程监理实务 / 李浪花，王维主编. —北京：电子工业出版社，2016.12

ISBN 978-7-121-30604-4

Ⅰ. ①建… Ⅱ. ①李… ②王… Ⅲ. ①建筑工程—施工监理 Ⅳ. ①TU712

中国版本图书馆 CIP 数据核字（2016）第 303053 号

策划编辑：李　静
责任编辑：李　静
印　　刷：北京七彩京通数码快印有限公司
装　　订：北京七彩京通数码快印有限公司
出版发行：电子工业出版社
　　　　　北京市海淀区万寿路 173 信箱　邮编 100036
开　　本：787×1092　1/16　　印张：8.25　　字数：212 千字
版　　次：2016 年 12 月第 1 版
印　　次：2025 年 1 月第 2 次印刷
定　　价：28.00 元

凡所购买电子工业出版社图书有缺损问题，请向购买书店调换。若书店售缺，请与本社发行部联系，联系及邮购电话：（010）88254888，88258888。

质量投诉请发邮件至 zlts@phei.com.cn，盗版侵权举报请发邮件至 dbqq@phei.com.cn。

本书咨询联系方式：（010）88254604 或 lijing@phei.com.cn。

前　言

“建设工程监理实务”是根据“全国高职高专土建类精品规划教材”编审会会议精神、教育部《关于加强高职高专的人才培养工作意见》等文件精神，根据高职高专教育土建类专业指导性教学计划及教学大纲组织而编写的。

建设工程监理实务不仅是土木工程类专业的一门重要的专业课程，更是建设工程监理专业的核心课程。根据高职高专的人才培养目标和教学特点，本着突出专业技术应用能力培养的原则，本书参照我国最新修订的国家标准《建设工程监理规范》(GB/T 50319—2013)，同时结合施工组织设计和施工现场项目管理等知识进行编写，加强了针对性和实用性，弱化理论推导，强化实践应用。本书采用项目式教学的方式进行编排，分为四个任务：任务一是监理基本概述；任务二重点描述施工准备阶段的监理工作，包括各种资料和资质的审查等；任务三主要针对施工阶段的监理工作，也是本书的重点内容；任务四为项目监理作业过程所需的资料。

本书由重庆房地产职业学院李浪花、王维主编，重庆房地产职业学院甘其利、刘天姿、王晓莹、倪志军任副主编，重庆房地产职业学院邓明栩、刘攀、崔艳清参编。其中，李浪花负责编写任务一，甘其利、倪志军负责编写任务二，王维、刘天姿、王晓莹负责编写任务三，邓明栩、刘攀负责编写任务四。全书由重庆房地产职业学院范幸义担任主审。

本书可作为高等职业院校、成人教育建筑工程技术、工程造价、工程监理等专业教材，也可供相关的工程技术人员参考。在本教材编写过程中，参考并引用了有关院校编写的教材和设计施工单位的技术文献资料，在此致以诚挚的谢意。

因为时间仓促，本书难免存在一些疏漏和不足之处，敬请读者批评指正。

编　者

2016 年 9 月

前 言

本书使用说明

本书所依托的网络教学平台及部分教学资源必须通过身份验证后才能使用。用户拿到教材后需要验证身份。

1．注册及登录

（1）扫描教材封面二维码后，首先点击“立即注册”进入注册界面，在注册时需要选择您对应的身份，如学生、教师、学校管理员。完成注册后，输入账号、密码完成登录。

（2）注册账号需要使用本人工号（教师）/学号（学生），否则后台记录成绩将无法与学校教务系统对接。

（3）身份确认后无法自行更改，如需更改，请联系开元数字教学平台，联系方式：

TEL：0571-86438351　或　0571-86439171　　　QQ：44324802　或　137835857

2．正版教材身份验证

账号登录后需要进行正版教材码验证，验证码在教材封底，将刮开后的正版教材验证码输入后通过验证，每个验证码只能绑定一个教学账号。

3．教学班建设

（1）教师通过验证后自动为您创建教学班，在验证后的界面完善教学班信息（班级名称、所属院系、学科、课程属性、上课地点及上课时间）后即完成创建。如需创建多个教学班，用您的注册账号和密码登录 http://www.hzkybook.com，进入教学平台，依次进入“教学中心”“班级管理”，找到已经为您创建的教学班，点击操作栏中的“复制”，即可创建更多教学班。

（2）学生通过验证后即进入选课界面，在本界面学生可找到所在的教学班，点击教学班确认加入即可。

（3）学生如果无法找到所在教学班，可正常使用教材所带的资源类二维码，其他教学功能待任课教师创建教学班后，加入即可使用。

4．互动二维码的使用

建成教学班后，每一个教学班的每一讲都有对应的教学互动二维码，包括：点名、抢答、问卷、答疑、测验及作业。教师通过 http://www.hzkybook.com 登录进入教学中心，点击进入教学班，在教学内容界面通过点击“课后阅读资源库”中的“生成教学二维码”，在打开的界面中选择需要用到的互动二维码，通过截图或保存二维码，将保存后的二维码插入到PPT中即可在课堂上使用。

互动二维码在使用时需要教师先行扫描，激活该二维码方可发起互动，教学班内的学生才能扫描，学生在其他时间扫描不会产生任何记录。

5．教学资源上传及更新

在教学过程中教师可在教学班内上传资源，所任教学班内学生也可对该资源进行学习。同时该资源进入教材对应出版社进行审核，审核通过后，全国所有使用该教材的教师和学生均可对该资源进行学习（资源注明作者姓名、所属学校），我们会根据资源的被使用量来考虑给予适当的奖励。教师有权限查看您所上传资源的实际使用情况。

目　录

绪　论

一、课程定位

“建设工程监理实务”是工程监理专业的核心能力课程，也是建筑工程施工技术及工程管理和工程造价类专业的必修课程，同时是土建施工类专业的选修课程。前导课程建筑材料、建筑工程质量检测、建筑工程测量和工程监理概论等为“建设工程监理实务”提供了一定的专业基础知识，同时与后续的建筑工程项目管理、建筑工程施工技术、建筑工程预算与报价等课程紧密联系。

二、课程培养的目标

1. 职业技能目标

（1）能编制工程监理规划大纲和工程监理实施细则；
（2）会填写工程监理通用业务表格；
（3）能进行关键工序质量、进度、投资和安全控制；
（4）能处理合同管理中的工程变更、合同分包及索赔事宜；
（5）在工程监理过程中能将信息管理贯穿始终，较好地发挥组织协调作用；
（6）在工程监理中融合风险管理、环保管理和安全管理。

2. 专业知识目标

（1）熟悉监理工作的职责、制度、监理依据；
（2）掌握监理工作程序、方法和措施；
（3）熟悉监理规划大纲、监理实施细则、监理日志等监理资料的编写。

三、课程内容与时间分配

《建设工程监理实务》采用理论和案例相结合的方式，营造工程监理学习情境，在每个学习情境中设计了配套的案例。在一个“学习领域”中可能涉及多个知识系统，以“实用为主，必需和够用为度”为原则组织学习任务，只取必需的知识点。

（1）引入的案例既有大型公共项目的工程监理实施细则，也有工程现场的小事故处理。案例的简介使学习者作为监理工作人员身临其境，产生认真工作的热情和责任感。

（2）针对质量控制、进度控制、投资控制、安全控制、合同管理、信息管理和组织协调等监理工作，梳理基本知识，策划行动方案。

（3）职业方法能力是指主要基于个人开展工作的能力，一般有具体和明确的方式、手段的能力。这主要是指独立学习、获取新知识技能、处理信息的能力。职业方法能力是劳动者的基本发展能力，是在职业生涯中不断获取新的知识、信息、技能和掌握新方法的重要手段。

四、学习资源的选用

（1）以身边的建筑工程项目为载体，将知识、技能、态度融入学习任务中；

（2）本书及其他相应的结合“工作、教学、科研”成果而编写的教材；

（3）学习任务单；

（4）学习网站；

（5）与工程管理相关的书籍、图纸等资料。

五、工程监理要求

建设工程生命周期监理任务量如图 0-1 所示。

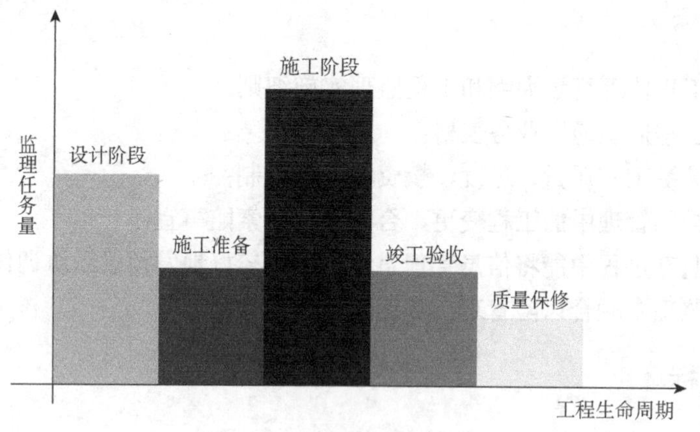

图 0-1 监理任务量形象图

任务一 监理基本工作

通过本任务的学习，了解建筑工程监理机构的基本构成，熟悉监理规划以及实施细则的编制，掌握监理人员的基本职责，形成对建设监理的基本认识。

1. 监理工程师的概念以职责。
2. 监理规划的编制。
3. 监理实施细则的编制。

PPT

习题

自测题

1.1 监理工程师

1. 监理工程师的概念

监理工程师是指经考试取得中华人民共和国监理工程师资格证书（以下简称资格证书），并按照本规定注册，取得《中华人民共和国监理工程师注册执业证书》和执业印章，从事工程监理及相关业务活动的专业技术人员。未取得注册证书和执业印章的人员，不得以监理工程师的名义从事工程监理及相关业务活动。

从事建设工程监理工作，但未取得监理工程师岗位证书的人员统称为监理员。在工作中，监理员与监理工程师的区别主要在于监理工程师具有相应岗位责任的签字权，而监理员没有相应岗位的签字权。

我国按照《建设工程监理规范》（GB 50319—2013）的规定，把监理人员分为总监理工程师（以下简称“总监”）、总监理工程师代表（以下简称“总监代表”）、专业监理工程师和监理员。总监、总监代表等都是临时聘任的工程建设项目上的岗位职称，也就是说如果没有被聘用，就没有总监和总监代表的头衔，而只有监理工程师的称谓。

2. 项目监理人员岗位设定与职责

（1）总监

总监必须具有有效的国家注册监理工程师资格，其职责为：

① 确定项目监理机构人员及其岗位职责；

② 组织编制监理规划，审批监理实施细则；

③ 根据工程进展及监理工作情况调配监理人员，检查监理人员工作；

④ 组织召开监理例会；

⑤ 组织审核分包单位资格；

⑥ 组织审查施工组织设计、（专项）施工方案；

⑦ 审查工程开复工报审表，签发工程开工令、暂停令和复工令；

⑧ 组织、检查施工单位现场质量、安全生产管理体系的建立及运行情况；

⑨ 组织审核施工单位的付款申请，签发工程款支付证书，组织审核竣工结算；

⑩ 组织审查和处理工程变更；

⑪ 调解建设单位与施工单位的合同争议，处理工程索赔；

⑫ 组织验收分部工程，组织审查单位工程质量检验资料；

⑬ 审查施工单位的竣工申请，组织工程竣工预验收，组织编写工程质量评估报告，参与工程竣工验收；

⑭ 参与或配合工程质量安全事故的调查和处理；

⑮ 组织编写监理月报、监理工作总结，组织整理监理文件资料。

（2）总监代表

项目监理机构可根据需要设置总监代表。总监代表经工程监理单位法定代表人同意，由总监书面授权，代表总监行使其部分职责和权力，具有工程类注册执业资格或具有中级及以上专业技术职称、3 年及以上工程实践经验并经监理业务培训的人员。

《监理规范》规定，总监不得将下列工作委托给总监代表代其履行，即：

① 组织编制监理规划，审批监理实施细则；

② 根据工程进展及监理工作情况调配监理人员；

③ 组织审查施工组织设计、（专项）施工方案；

④ 签发工程开工令、暂停令和复工令；

⑤ 签发工程款支付证书，组织审核竣工结算；

⑥ 调解建设单位与施工单位的合同争议，处理工程索赔；

⑦ 审查施工单位的竣工申请，组织工程竣工预验收，组织编写工程质量评估报告，参与工程竣工验收；

⑧ 参与或配合工程质量安全事故的调查和处理。

（3）专业监理工程师

专业监理工程师由总监授权，负责实施某一专业或某一岗位的监理工作，有相应监理文件签发权。专业监理工程师须具有工程类注册执业资格，或具有中级及以上专业技术职称、两年及以上工程监理实践经验并经监理业务培训。

专业监理工程师职责为：

① 参与编制监理规划，负责编制监理实施细则；

② 审查施工单位提交的涉及本专业的报审文件，并向总监报告；

③ 参与审核分包单位资格；

④ 检查、指导监理员工作，定期向总监报告本专业监理工作实施情况；

⑤ 检查进场的工程材料、设备、构配件的质量；

⑥ 验收检验批、隐蔽工程、分项工程，参与验收分部工程；

⑦ 处置发现的工程质量问题和安全事故隐患；

⑧ 进行工程计量；

⑨ 参与工程变更的审查和处理；

⑩ 组织编写监理日志，参与编写监理月报；

⑪ 收集、汇总、整理监理文件资料；

⑫ 参与工程竣工预验收和竣工验收。

（4）监理员

监理员是具有中专及以上学历、经过监理业务培训并取得培训合格证书，在项目监理机构中从事具体监理工作的人员。其职责为：

① 检查施工单位投入工程的人力、主要设备的使用及运行状况；

② 进行见证取样；

③ 复核工程计量的有关数据；

④ 检查工序施工结果；

⑤ 发现施工作业中的问题，及时指出并向专业监理工程师报告。

1.2 项目监理机构

1. 项目监理机构及其组建

“项目监理机构”是工程监理单位派驻工程负责履行建设工程监理合同（以下简称“监理合同”）的组织机构。项目监理机构的组织形式与规模应符合监理合同规定的服务内容、范围与期限，适应工程的类别、规模、技术复杂程度、工程环境条件与特点等具体情况。项目监理机构应充分、合理发挥各专业技术人员的作用，在完成监理合同约定的工作，办理资料、财物等移交手续，并由工程监理单位书面通知建设单位后，可撤离施工现场。

项目监理机构组建步骤：

① 监理单位书面任命项目总监理工程师（以下简称“总监”），并将《总监理工程师任命书》（可用《建设工程监理规范》GB/T50319 表 A.0.1）报建设单位、质量安全监督机构，送施工单位、设计单位等参建单位；

② 总监根据监理合同等有关要求确定开展监理工作的内容、总目标、分解目标；

③ 总监根据监理工作目标、工程的类别、规模、环境、条件、施工技术特点、复杂程度

等具体情况，确定合适的项同监理组织架构、各专业监理人员数量，配备相应的监理设施；

④ 总监根据标准、规范和监理工程特点和要求，制定项目监理机构的工作程序、工作制度、工作方法、工作质量考核标准，选用监理工作用表；

⑤ 总监将《项目监理机构印章使用授权书》（GD220202）和视工程实施情况分阶段将《项目监理机构设置通知书》（GD220203）报建设单位，送施工单位。

2. 项目监理机构组织形式

项目监理机构的组织形式应根据监理招标文件要求，结合工程规模、类别、技术特点、施工环境条件等因素来确定，并写入监理规划。常用的项目监理机构组织形式可分为直线制、职能制、直线职能制及矩阵制四种形式。

（1）按子项目分解的直线制组织形式

① 适用情况：适用于可划分为若干相对独立子项目的大、中型建设工程，如包含多个组团的住宅小区、可划分为多个标段的市政道路、桥梁工程等。

② 特点：总监全面负责项目监理机构工作的组织、指导与协调；子项目监理组分别负责各子项的目标控制，具体组织实施现场专业或专项监理组的工作。项目监理机构中任何一个下级只接受唯一上级的命令。各级部门主管人员对所属部门的问题负责，项目监理机构不再另设质量、进度、造价控制及合同管理等部门，如图 1-1 所示。

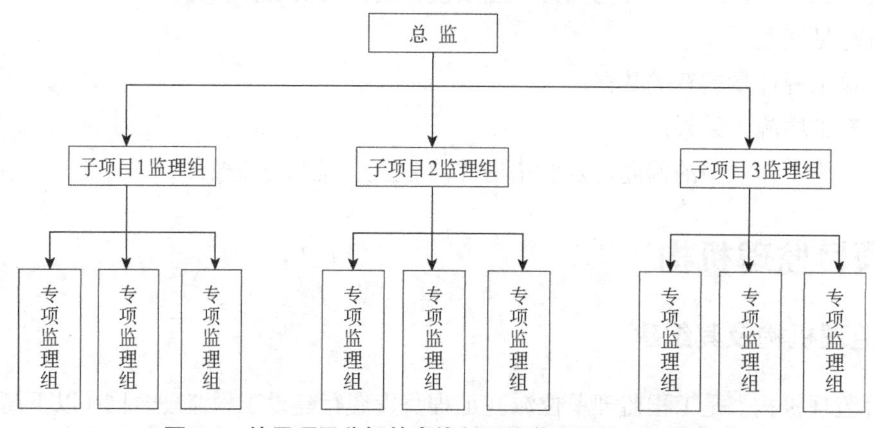

图 1-1　按子项目分解的直线制项目监理机构组织形式

（2）按专业内容分解的直线制组织形式

① 适用情况：适用于规模较小的工程。

② 特点：机构简单，职责分明，关系清晰明确，执行力高，但要求总监对项目施工各专业知识水平较高，技术业务能力强，如图 1-2 所示。

（3）矩阵制项目监理机构组织形式

① 适用情况：适用于规模较大、具有多个子项目、施工专业技术复杂且难度较大的项目。

② 特点：项目监理机构中包括纵向的职能系统与横向的子项目系统，各职能单元横向联系紧密，对处理项目工作中的各种问题有较大的机动性和适应性，但项目监理机构内工作任务纵向、横向协调工作量大，如图 1-3 所示。

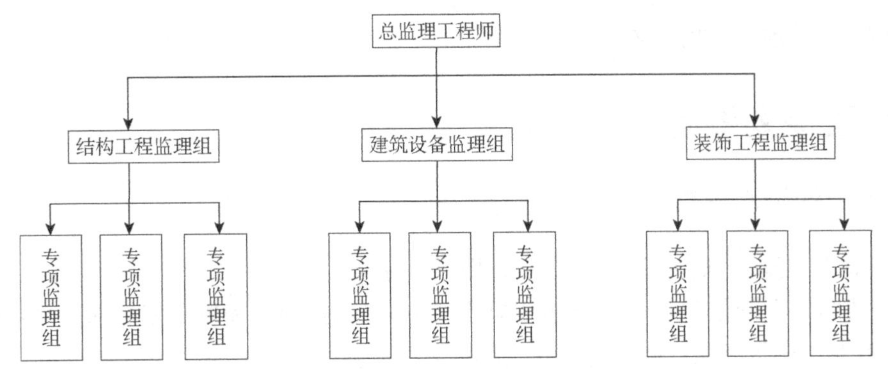

图 1-2　按专业内容分解的直线制组织形式

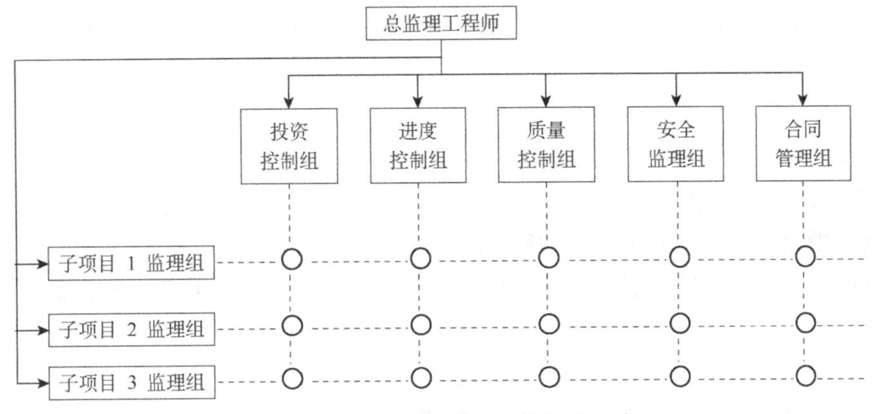

图 1-3　矩阵制项目监理机构组织形式

3. 项目监理机构办公室

项目监理机构办公室是监理工作的基本场所和对外形象的窗口，应作必要的布置，总监应负责安排项目监理机构办公室的布置与更新。项目监理机构办公室上墙资料主要有（但不限于）：

① 建设项目监理机构名称标牌（可挂于项目监理机构办公室外墙）；

② 监理单位的营业执照、资质证书及质量、环境、职业健康安全管理体系认证证书复印件；

③ 监理单位的质量方针与质量目标；

④ 工程概况信息栏（项目名称、性质和建设规模；项目建设、勘察、设计、施工单位及主要分包单位、工程质量和安全监督站等单位名称）；

⑤ 建设部《工程建设监理人员工作守则》《监理行业自律公约》；

⑥ 项目监理机构组织架构；

⑦ 项目监理机构各类人员岗位职责；

⑧ 建设项目总平面图或建筑主要平、立、剖面设计图；

⑨ 经审批的工程总体进度、当月进度计划图表；

⑩ 监理工作程序框图、工作制度；

⑪ 晴雨表；

⑫ 节假日监理人员值班表。

1.3 监理规划编制

1. 监理规划的编制依据

① 有关工程建设的现行法律、法规、规范、标准；

② 建设行政主管部门对该项目建设的批准文件（包括国土和城市规划部门确定的规划及土地使用条件、环保要求、市政管理规定等）；

③ 项目建设有关的合同文件（包括监理合同、工程合同等）；

④ 本项目的施工图设计文件（包括施工图与工程地质、水文勘察成果资料）。

2. 监理规划的编制与审批责任

① 监理规划在签订建设工程监理合同及收到工程设计文件后由总监组织编制，应在召开第一次工地会议前报送建设单位；

② 监理规划由项目总监组织专业监理工程师编制；

③ 监理规划经总监签字后由监理单位技术负责人审批，加盖监理单位公章。

3. 监理规划的编制内容

监理规划应结合工程实际情况，明确项目监理机构的工作目标，确定具体的监理工作制度、内容、程序、方法和措施，并具有指导性和针对性。且内容应包括：

① 工程概况；

② 监理工作范围、内容、目标；

③ 监理工作依据；

④ 监理组织形式、人员配备及进场计划、监理人员岗位职责；

⑤ 监理工作制度；

⑥ 工程质量控制；

⑦ 工程造价控制；

⑧ 工程进度控制；

⑨ 安全生产管理的监理工作；

⑩ 合同与信息管理；

⑪ 组织协调；

⑫ 监理工作设施。

4. 监理规划的编制要求及注意事项

① 监理规划基本内容构成力求统一，文字应精练、准确；

② 监理规划的内容应结合具体项目的工程特征、规模、类别等情况来编制，具有针对性，避免按照以往的范例照抄照搬；

③ 监理规划中引用的法律、法规、标准、规范应是现行有效的，避免已过期作废的还在监理规划中引用；

④ 监理规划的编制应由总监亲自组织各专业监理工程师参与编写，明确编写责任人、编写内容及完成期限，履行编制、审批的程序和签字盖章手续，避免由资料员或少数人为完成任务而应付编写；

⑤ 监理规划应根据工程实施情况及条件变化进行适时调整，重新按程序报批。

1.4　监理实施细则编制

1. 监理实施细则的编制依据

采用新技术、新工艺、新材料、新设备的工程，以及专业性较强、危险性较大的分部、分项工程应编制监理实施细则。

监理实施细则应依据以下文件编制：

① 经批准和确认的本工程监理规划；

② 与专业工程相关的工程建设标准、工程设计文件；

③ 本工程的施工组织设计、专项施工方案。

2. 监理实施细则的编制与审批

监理实施细则由专业监理工程师负责编制，由总监批准，在相应工程施工开始前完成。

3. 监理实施细则应包括的主要内容

① 专业工程特点；

② 监理工作流程；

③ 监理工作要点；

④ 监理工作方法及措施。

4. 监理实施细则的编制要求

（1）工作程序与措施明确，具有针对性和可操作性

监理实施细则是开展工程监理具体控制工作的内部操作性文件，内容应具有针对性和可操作性，避免按照以往的范例照抄照搬。相应的监理工作程序、工作要点及重点、工作方法及措施应符合监理规划的要求，应结合工程特点，主要以工作流程（图）、表格等形式来阐述，其控制指标应量化表示，避免过多的文字描述。

（2）监理工作控制过程有可追溯的监理记录

监理工作本身不形成实体性产品，其工作效果与服务质量主要通过监理的文件、资料等来体现和评价。监理实施细则应明确设定控制工作的具体目标值、关联的过程性工艺参数与质量指标，结合原材料进场报验、见证取样送检、平行检测、旁站等制定相应的记录表式，在具体工作中执行使用，形成真实、量化、准确、及时、清晰的记录。

（3）及时补充与修改

在监理工作实施过程中，监理实施细则应根据实际情况进行补充、修改，经总监批准实施。当工程条件发生变化或原监理实施细则所确定的工作流程、方法、措施不能有效发挥作用时，总监应及时根据实际情况，安排专业监理工程师对监理实施细则进行必要的补充与修改。

（4）监理实施细则编写安排

总监应在相应工程开始前安排专业监理工程师编写，明确编写责任人、编写内容及完成期限，履行编制、审批的程序和签字盖章手续。

1.5 案例分析

某工程项目业主委托一家监理单位实施施工阶段监理。监理合同签订后，组建了项目监理机构。为了使监理工作规范化进行，总监理工程师拟以工程项目建设条件、监理合同、施工合同、施工组织设计和各专业监理工程师编制的监理实施细则为依据，编制施工阶段监理规划。监理规划中规定各监理人员的主要职责如下所述。

（1）总监理工程师的职责

① 审查和处理工程变更；

② 审定承包单位提交的开工报告；

③ 负责工程计量、签署原始凭证；

④ 及时检查、了解和发现总承包单位的组织、技术、经济和合同方面的问题；

⑤ 主持整理工程项目的监理资料。

（2）监理工程师职责

① 主持建立监理信息系统，全面负责信息沟通工作；

② 检查进场材料、设备、构配件的原始凭证、检测报告等质量证明文件；

③ 对承包单位的施工工序进行检查和记录；

④ 签发停工令、复工令；

⑤ 实施跟踪检查，及时发现问题及时报告。

（3）监理员职责

① 担任旁站工作；

② 检查施工单位的人力、材料、主要设备及其使用、运行状况，并做好记录；

③ 做好监理日记。

【问题】

1. 监理规划编制依据有何不恰当？为什么？
2. 监理人员的主要职责划分有哪几条不妥？如何调整？
3. 常见的监理组织结构形式有哪几种？
4. 写出组建项目监理机构的步骤。

【参考答案】

1. 不恰当之处：编制依据中不应包括施工组织设计和监理实施细则。施工组织设计是由施工单位编制指导施工的文件，监理实施细则是根据监理规划编制的。

2. 总监职责中的③、④条不妥。③条应是监理员职责，④条应为监理工程师职责。监理工程师职责中的①、③、④、⑤条不妥。①、④条应是总监的职责；③、⑤条应是监理员的职责。

3. 直线制、职能制、直线职能制和矩阵制。

4. ①确定项目监理机构目标；②确定监理工作内容；③项目监理机构的组织结构设计；④制定工作流程和信息流程。

任务二 施工准备阶段监理工作

子任务一 监理会议制度

通过本任务的学习，了解监理机构的会议制度，熟悉设计交底与图纸会审的流程，掌握监理例会的工作要点，形成对建设监理会议的基本认识。

1. 第一次工地会议。
2. 监理例会。
3. 专题会议。

PPT

习题

自测题

2.1 第一次工地会议

第一次工地会议是建设工程开工前，由建设单位主持召开，参建各方参加，检查开工前各项准备工作是否就绪，明确监理工作程序与要求，建立参建各方工作关系的重要会议。

1. 会议准备

第一次工地会议虽然是由建设单位主持召开，但项目监理机构要协助建设单位做好会议的筹备工作。主要事项有：

① 草拟会议通知；

② 草拟会议议程；

③ 准备监理方的会议材料；

④ 协助建设单位督促施工方准备会议材料；

⑤ 协助建设单位准备会议材料；

⑥ 建议建设单位将会议的时间、地点告知项目安全、质量监督机构。

2. 会议程序与内容

① 建设单位、施工单位和工程监理单位分别介绍各自驻现场的组织机构、人员及其分工。

② 建设单位介绍工程开工准备情况，建设单位根据监理合同宣布对总监的授权。一般在工程开工前，建设单位应将本项目所委托的工程监理单位名称，监理的范围、内容和权限及对总监的任命等书面告知施工单位。

③ 施工单位介绍施工准备情况。

④ 建设单位代表和总监对施工准备提出意见和要求。

⑤ 总监介绍监理规划的主要内容。

⑥ 研究确定各方在施工过程参加监理例会的主要人员，召开监理例会的周期、地点及主要议题。

⑦ 其他有关事项。

3. 会议纪要

项目监理机构负责整理会议纪要。纪要应记录会议的与会单位、会议时间、与会人员（一般另附会议人员签到表）、××会议程序、议题与内容。会议纪要应对项目正式开工尚待解决、处理的的题作归纳，明确记录其原因、责任；解决、处理这些问题的措施、条件与完成期限（如问题较多，宜列表阐述），以便在下一次监理例会中检查落实。会议纪要应当在会议结束后尽快整理完成，经与会单位代表会签后发送相关单位签收。

2.2　监理例会

监理例会是项目监理机构进行协调工作的重要手段之一，其中心议题主要是对工程实施过程所发生的安全、质量、进度、造价及合同执行等问题进行检查、分析、协调、纠偏与控制，明确相关问题的责任、处理措施及要求。

1. 监理例会组织与主持

监理例会由项目监理机构负责组织定期召开，通常每周召开一次，由总监、总监代表或总监授权的专业监理工程师主持。项目监理机构通知建设单位、施工单位（包括总包、分包单位）现场主要负责人和有关部门人员参加，视工程实施情况邀请设计、质量安全监督机构的代表参加。

2. 监理例会准备

为了使监理例会开得更有成效，达到会议目的，项目监理机构应在会前与参建各方做必要的沟通，了解工程实施中遇到的问题和困难，及拟采取的措施等情况。并做好以下准备工作：

① 项目监理机构内部对会议内容、问题处理的观点、措施等情况的沟通和统一；

② 准备协调、处理问题所需要引证的依据性相关资料、文件；

③ 检查并收集施工单位落实执行上次监理例会决议的情况；

④ 了解或收集参建各方需要监理协调解决的问题。

3. 监理例会主要内容

① 检查上次监理例会议定事项的落实情况，分析未完事项原因；

② 检查分析工程项目进度计划完成情况，提出下一阶段进度目标及其落实措施；

③ 检查分析工程项目质量、施工安全管理状况，针对存在的问题提出改进措施；

④ 检查工程量核定及工程款支付情况；

⑤ 解决需要协调的有关事项；

⑥ 研究未决定的工程变更、延期、索赔、保险等问题；

⑦ 其他有关事宜。

4. 会议纪要内容及整理

项目监理机构应指定专人作会议记录，并核对与会者签到表。监理例会结束后，监理应及时对记录内容作整理，形成监理例会纪要。会议纪要内容一般包括：

① 到会单位与人员（按省统表 GD220241 表式签名、分发）；

② 上次例会决定事项的完成情况及未完成事项的讲评与分析；

③ 各方提出的问题、需要协调解决的事项及处理意见；

④ 本次会议已达成的共识及其需要解决落实的事项及要求。会议纪要应如实反映各方对有关问题的意见和建议，对已达成共识的问题则以会议决定体现。

5. 召开监理例会注意事项

（1）注意营造会议气氛

项目临理机构应注意在坚持遵纪守法与公平合理原则的基础上，营造、维系与各参建单位之间融洽、和谐的工作氛围。项目监理机构的协调工作任务就是为了在不断产生的矛盾中保持、维系各方的正常配合、协作，而不致影响工程的正常实施。监理人员应注意保持与各参建单位及其代表的融洽、和谐的工作关系，为自身开展工作预留充分的空间与平台，方能在监理例会等场合发挥协调、主持的作用。

（2）始终抓住和控制会议主题

监理例会主持者在会议全过程中应注意控制议题、内容始终围绕中心主题。对于要求执行的指令、解决的问题、完成的任务，必须明确“做什么”“谁去做”“措施与条件”“完成期限”。为避免会议陷入对无关主题的琐事、过程的过度陈述，因而分散其他与会者的注意力，主持者可适时利用插话、主题引导等方法进行控制。主持者的意见表述应客观、有理、有据，并应注意为其本身的协调工作预留充分的空间，切忌主观、粗暴，导致与会者之间不必要的争议。监理工作虽然是以法律、法规、工程有关合同及设计文件为依据，项目监理机构的意见也很重要，但项目监理机构毕竟不是执法机构，故应特别注意以理服人，并应在工作中注意持续提高专业技术水平，使表述意见易为相关方所接受。会议主持者还应掌握、控制具体会议过程细节，避免偏离主题而纠缠在琐碎、次要事情上，最终却没有具体结论。例如对经监理例会确定为“条件”不具备或不成熟所致计划延期问题，还要进一步明确施工单位及时办理临时延期申报审批手续，否则施工单位应承担延误的责任。

（3）与会各方要充分重视，并提前准备好开会的内容和资料

监理例会有固定的议题和议程，与会各方要做好准备，同时还可准备自己特有的问题，以便适当时提出。为防各方提出无关紧要的问题，监理（会议主持方）要将例会需要研究、讨论的议题书面通知各方。

（4）树立会议的权威，例会要纪律严明，要确保取得实际成效

例会在规定内容后，一个关键是要在规定的时间内把会议的内容完成，因此例会的纪律至关重要，到会的时间、人员及会议过程的气氛、程序、发言的方式等都要严肃。不得迟到、早退、接电话、交头接耳、说方言。例会切忌拖沓冗长、随意泛谈。

（5）发挥主持人主导作用，主动控制问题的讨论

在例会的议题要明确和有意义外，会议主持人（总监）的观点非常重要，一定要把握全局、旗帜鲜明、客观公正和具有导向性。在主持人的思想中始终要有明确的会议目的。为此，主持人要熟悉工程建设过程中的各种情况，要将平时工作中的信息加以积累、加工。在会议过程中，对所分析、讨论的具体问题要有预测和判断本次会议能否解决的能力。对监理例会上无把握达成共识的问题，不宜在会议上过多讨论，应适可而止，放到会后通过与当事方沟通协调来处理解决。

（6）监理严格把握问题的分寸，力争协调、解决好问题

监理人员在针对问题发言时，要力求公正、合理，要谦虚、自信、不傲、不躁，要以诚相待，做到以法规为依据，以制度为原则，立场坚定、旗帜鲜明、处事有方。如遇众多复杂的问题，一定要沉着冷静，先抓主要矛盾、突出重点与关键，抓大放小，力争解决首要问题，或解决部分问题。

（7）注意安排好会议的范围和内容

有时候参加会议的单位多，会议一定要先讨论涉及面广而深的问题，只涉及部分单位的问题可放到后面来讨论，解决问题要遵守少数服从多数，局部服从全局，次要服从重点的原则。如遇相互矛盾较大，应先引导各方坦诚相见、平等相待、互相体谅的会议氛围中来，然后力求寻找一定的共同与平衡点，以达成局部共识、解决部分问题。监理既要熟悉矛盾的表象，又要掌握矛盾的实质，才能发现和找到解决问题的方法。

（8）要重视写好会议纪要

会议纪要是会议内容和要求的反映，是参建各方会后的工作依据，因此，会议纪要真实、准确、全面、及时，并具有可操作性和实效性。纪要的基本格式要统一，其起草、审核、签字和发文等要规范。《建设工程监理规范》规定监理方起草，各方代表签字。会议的决议要在民主的基础上集中，要公正、实效。

（9）会后狠抓会议精神的贯彻落实

要发挥监理例会的作用，除重视会、开好会、写好会议纪要外，重点还在于会后抓会议精神、决议的落实执行。一般人习惯于会上说说而已，会后实践比较难。监理要严格开好监理例会的同时，还要用铁的手段来抓会后的落实工作，充分运用组织、技术与经济措施，确保工作目标的实现。

2.3 专题会议

专题会议是指项目参建单位为解决工程实施过程涉及单一或若干特定工程专项问题不定期召开的会议，参建单位都可以提议召开。项目监理机构根据工程需要主持或参与专题会议。项目监理机构组织的专题会议，由总监、总监代表或总监授权的专业监理工程师负责主持。

1. 专题会议的主题

工程实施过程中，在监理例会或小范围人员内协商解决有困难时，可通过召开专题会议协调、解决。一般需要通过专题会议处理解决的问题有：

① 工程实施过程中急需要解决的技术或管理问题；

② 工程变更、工程索赔（工期、费用等）、合同争议或纠纷处理；

③ 安全事故分析与处理、质量事故分析与处理；

④ 涉及勘察、设计单位的工程技术问题；

⑤ 其他需要通过专题会议解决的问题。

2. 专题会议纪要

专题会议纪要按会议记录整理而成，内容应包括会议时间、地点，与会单位、与会人员，会议主题、会议主要内容，会议达成的共识及处理意见或决议。

2.4 设计交底与图纸会审会议

设计交底与图纸会审会议由建设单位组织与主持，设计、施工与监理单位项目负责人及专业技术人员参加，施工单位负责办理会议签到、整理会审记录和会议纪要，总监参与会议纪要会签。

1. 设计交底与图纸会审目的

设计交底与图纸会审是指在施工图完成并经审查合格后，设计单位在设计文件交付施工时，按规定就有义务把施工图等设计文件向建设单位、施工单位和监理单位做出详细的设计交底和说明，包括建筑节能专项设计交底。其目的是对施工单位和监理单位正确贯彻设计意图，使其加深对设计文件特点、难点、疑点的理解，掌握关键工程部位的质量要求，避免因设计意图不明造成工程差错、延误、变更、返工等，确保工程质量。

2. 图纸会审内容

① 设计图纸与说明是否齐全，有无分期供图的时间表。

② 几个设计单位共同设计的图纸相互间有无矛盾；专业图纸之间、平立剖面图之间有无矛盾；标注有无遗漏。

③ 总平面与施工图的几何尺寸、平面位置、标高等是否一致。

④ 建筑结构与各专业图纸本身是否有差错及矛盾；结构图与建筑图的平面尺寸及标高是否一致；建筑图与结构图的表示方法是否清楚，是否符合制图标准；顶埋件是否表示清楚；有无钢筋明细表；钢筋的构造要求在图中是否表示清楚；图纸所列各种标准图册，施工单位是否具备。

⑤ 材料来源有无保证，能否代换；图中所要求的条件能否满足；新材料、新技术的应用有无问题。

⑥ 建筑与结构构造是否存在不能施工、不便于施工的技术问题，或容易导致质量、安全、工程费用增加等方面的问题。

⑦ 工艺管道、电气线路、设备装置、运输道路与建筑物之间或相互间有无矛盾，布置是否合理。

3. 设计交底与图纸会审的监理工作

总监应在项目正式开工前，组织项目监理机构人员熟悉施工图及设计文件，发现图纸中存在问题时提出书面意见或建议。项目监理机构人员应通过参加设计交底和图纸会审，加深认识与理解设计意图、工程的重点与难点，掌握关键工程部位质量、施工安全的要求，并为在工程实施中正确贯彻设计意图，有序、有效开展项目监理工作做好准备。项目监理机构人员应参加由建设单位主持的设计交底和图纸会审会议；总监及相关监理人员参与并在会议纪要会签。设计交底和施工图纸会审会前，项目监理机构应协助建设单位事先做好相关准备，如协助提前将各参建单位所提出对图纸的疑问、意见提前提交给设计单位，协助发出书面会议通知等。

4. 施工图及设计文件审查主要环节

为保证施工图及设计文件的合法性、符合性与设计质量，项目工程施工图及设计文件在正式交付施工使用前，设计单位内部、建设单位、施工图审查机构、施工单位与项目监理机构均应对施工图及设计文件作审查，但审查的重点、责任各有所侧重。一般应按规定对施工图及设计文件进行以下环节的审查、验收。

（1）设计单位内部校审、会签与签发

根据有关工程设计法规及管理规定，设计单位内部应负责校对、会签、审查，确认。

① 施工图及设计文件与项目初步设计及其评审意见等前期文件的符合性、优化调整的效果；

② 设计安全、可靠、合理，符合有关法规、规范；

③ 设计的技术经济效果合理并符合设计控制经济指标；

④ 各配合设计单位或专业设计成果一致、协调，完善各专业管线综合平衡；

⑤ 施工图及设计文件的范围、深度符合规定。

施工图及设计文件经校对、会签、审查合格并签署后，由设计单位技术负责人签发，按规定加盖有关图章（设计单位的出图专用章、设计人职业注册资格章、报建特许人资格章等）。

（2）建设单位对设计单位所提交的施工图及设计文件组织审查验收

对设计单位所提交的施工图及设计文件，建设单位应负责组织进行审查，主要确认以下内容。

① 设计成果符合项目建设前期所设定和批准的功能、标准、效果要求；

② 施工图及设计文件的内容范围、深度符合委托设计合同约定，并满足编制工程量清单、提交工程招标及工程实施使用的要求；

③ 在正式接收施工图及设计文件后，建设单位负责按规定办理委托、提交施工图审查机构审查，并根据审查机构的意见责成设计单位进行相应调整、修改或补充。

（3）审查机构对施工图及设计文件的审查

有关建设法规规定，审查机构对施工图及设计文件审查的主要内容为：

① 项目的规模、技术复杂程度等与设计单位的资质、资格限制条件相符，设计文件签署合法、有效；

② 施工图内容与工程水文、地质勘察成果等基础技术资料、当地建设技术或行政管理规定等相符；

③ 建筑物的稳定性、安全性审查，包括地基基础和主体结构是否安全、可靠；

④ 是否符合消防、绿色建筑（节能、环保）、抗震、防雷、卫生、人防等有关强制性标准、规范；

⑤ 施工图内容是否达到规定的深度要求；

⑥ 是否损害公众利益。

（4）施工单位审图工作

施工单位取得施工图及设计文件后，应组织专业技术人员熟悉施工图及设计文件内容，及时提出审图意见。主要应审查：

① 施工图及设计文件所要求在项目现场环境实施的可能与条件；

② 是否有成熟的施工技术与机具设备条件去执行实施施工图设计文件要求；

③ 建筑材料（原材料、构配件、半成品、成品与设备等）的市场供应可能；

④ 确认分期提供的施工图及设计文件或设计所要求的施工工艺技术与工程的进度要求相符；

⑤ 对施工图及设计文件表述不详、不符、错漏与矛盾等问题提出质疑；

⑥ 从施工技术角度提出合理化建议。

设计单位或建设单位代表应对上述所提出的问题、建议作澄清、答疑、回复，并使用当地建设主管部门规定的表式形成书面会审记录。施工图会审记录一般由施工单位负责汇总、整理，项目监理机构应负责跟踪，在有关合同文件条款约定期限前完成会签，确认后作为施工的正式依据。

（5）项目监理机构审图工作

项目监理机构人员参加设计交底与图纸会审，并非简单替代或补充设计单位、建设单位、施工图审查机构或施工单位的作用与责任，而应结合工程监理有关控制与管理工作任务的需要有所侧重。总监应组织项目监理机构人员对施工图设计文件的以下问题作重点审阅并做好以下准备工作。

① 施工图设计文件的合法性与有效性。交付施工使用的施工图及设计文件校审、会签、签发应完备，并已加盖设计单位的出图专用章；主要建筑、结构施工图已按规定加盖项目设计相关负责人的建筑、结构注册工程师资格图章。用于备查或办理竣工备案用的施工图设计文件应加盖审图机构图章。所有正式施工使用的施工图及设计文件均应加盖建设单位项目建设管理部门图章。

② 施工图设计文件的内容范围与深度。交付施工使用的施工图及设计文件内容范围、深度应符合并满足项目施工的具体条件与要求；分期提供的施工图设计文件、须作深化设计的图纸（如钢结构、幕墙等加工与施工安装详图等）责任落实，提交期限应符合施工总体部署与进度计划。

③ 施工图及设计文件对施工技术、工艺与机具的要求符合项目所在地及其周邻的环境、条件，所要求使用的特殊材料、构配件应有稳定、可靠的市场供应。其中对于地基基础分部的施工环境、程序、条件应予特别注意，例如在软塑或流塑淤质土层较厚的场地下先进行桩基施工，再使用机械挖运基坑土方，否则易导致已完成的桩体倾斜、偏位；地下动水位变化的场地（如邻近有潮汐的河涌、且场地下有强透水土层）进行水泥搅拌桩或旋喷桩施工时，地下动水位常影响桩体完整、有效；深基坑内支撑对土方挖运的影响；设计对地下工程中防水材料（如水泥基结晶型防水涂料）的使用（位置、施工条件）等，均应充分注意。

④ 施工图及设计文件所要求的施工技术、使用的特殊材料应对施工安全、卫生与环境保护有保证。

⑤ 其他。施工图及设计文件无缺、漏、错、碰等问题，不同专业的设计图纸对同一问题的交代应协调一致。施工图及设计文件的具体审查条目可参照《建筑工程施工图设计文件审查要点》（试行）（建质〔2003〕2 号文发布）要求。

5. 设计交底与图纸会审注意的问题

① 设计交底和图纸会审应在施工开始前完成；

② 设计交底记录和施工图纸会审纪要应按照省统表中相关格式编制，由施工单位整理经各参建单位签认盖公章后，分发给建设、设计、监理和施工单位；

③ 设计交底与图纸会审中涉及设计变更的尚应按监理程序办理设计变更手续；

④ 经批准的设计交底记录和施工图纸会审纪要作为工程施工和监理的依据之一，但不能代替设计文件。

子任务二　施工前目标控制

通过本任务的学习，了解工程开工前监理的目标控制，熟悉对施工前的质量与安全的控制要点，掌握风险预防，形成对施工前建设监理工作的基本认识。

1. 施工前质量控制。
2. 施工前安全控制。
3. 风险预防措施。

2.5　质量控制

1. 施工质量管理体系审查

工程开工前，项目监理机构应审查施工单位现场的质量管理组织机构、管理制度及专职管理人员和特种作业人员的资格。

① 项目经理部人员构成及职责，施工组织架构及人员是否满足要求和标书承诺。各级人员的职责和质量责任制是否能够落实。项目经理部的人员包括项目经理、项目副经理、技术负责人、专职质量和安全管理人员、合同预算人员、工程材料管理员、劳资管理员等。

② 检查项目经理部是否制定施工质量计划和工艺标准，是否符合国家和上级办法的技术标准、规范、规程和质量管理制度，是否能认真组织实现。

③ 检查专职管理人员和特种作业人员资格。

④ 支撑质量目标是否符合合同规定及投标承诺，以此确定本项目可能达到的管理水平。

⑤ 质量管理制度是否完善，主要有：测量复查验收制度；原材料的进场验收报审制度；工序交接验收制度；隐蔽工程验收制度；施工技术交底验收；不合格的返修、分部分项工程的验收和竣工验收制度；工程档案资料的建立与移交制度等。

⑥ 特殊施工过程的质量保证措施是否完备。对采用的新工艺、新材料、新技术和新结构以及有技术疑难点的项目，如新型防水材料的施工、巨型框架结构的施工、复杂的结构体系的放线定位施工，以及软土地基的桩基础施工等，应制定针对性的质量保证措施。

2. 施工技术管理体系审查

① 项目经理部是否建立本项目技术管理的组织体系，其组织架构和人员配备是否满足要求。项目技术负责人的任职资格应与所承担项目的规模、技术程度及施工难度相适应。技术、质量管理人员的设置应满足工程规模、复杂程度等需要，有足够数量的技本员、专职质量检查员、资料员、试验工、放线工等。

② 人员岗位职责是否明确。是否明确规定了项目经理、技术负责人、质量检查员等的主要职责和技术工作内容。

③ 技术管理制度和技术措施是否完善，主要有：施工图纸学习和会审制度、施工组织设计管理制度、技术交底措施、材料设备检验试验制度、工程质量检查及验收制度、工程技术资料管理制度、设计变更与洽谈管理制度，还有如环境保护、计量管理、技术革新计划等。

3. 施工组织设计（方案）审查

1）施工组织设计类型

（1）施工组织总设计

施工组织总设计师以一个建设项目为对象进行编制，用以指导其建设全过程各项全局性施工活动的技术、经济、组织协调和控制的综合性文件。主要内容包括：工程概况、总体施工布署、施工总进度计划、总体施工准备与主要资源配置计划、主要施工方法、施工总平面图布置等。

（2）单项（位）工程施工组织设计

单项（位）工程施工组织设计是以一个单项或其一个单位工程为对象进行编制，用以指导其施工全过程各项施工活动的技术、经济、组织、协调和控制的综合性文件。主要内容包括：工程概况、施工部署、施工进度计划、施工准备与资源配置计划、主要施工方案、施工现场平面布置。

（3）施工方案

施工方案的编制对象有：分部分项工程、关键工序或技术复杂的施工过程，采用新技术、新工艺、新材料、新设备的专项方案和其他专项工程。施工方案编制的主要内容包括：工程概况、施工安排、施工进度计划、施工准备资源配置计划、施工方法及工艺要求、质量标准与措施等。

2）施工组织设计审查前的准备工作

① 熟悉施工图纸，领会设计意图，明确工程内容，分析工程特点；

② 熟悉施工合同；

③ 了解工程条件和有关工程资料，如施工现场“三通一平”条件，劳动力和主要建筑材料、构件、加工品的供应条件，施工机械和辅材的供应条件，施工现场水文地质勘察资料，现行施工技术规范和标准等。

3）施工组织设计（方案）审查原则

① 施工组织设计的编制、审查和批准应符合规定的程序。

② 施工组织设计应符合国家的技术政策，充分考虑施工合同规定的条件、施工现场条件及法规条件的要求，突出“质量第一、安全第一”的原则。

③ 施工组织设计的针对性：施工单位是否了解并掌握了本工程的特点和难点，条件是否分析充分。

④ 施工组织设计的可操作性：施工单位是否有能力执行并保证工期和质量目标，该施工组织设计是否切实可行。

⑤ 技术方案的先进性：施工组织设计采用的技术方案和措施是否现行适用，技术是否成熟。

⑥ 质量管理和技术管理体系，质量保证措施是否健全且切实可行。

⑦ 安全、环保、消防和文明施工措施是否切实可行并符合有关规定。

4）施工组织设计（方案）审查内容

（1）施工组织设计审查的基本内容

① 编审程序应符合相关规定；

② 施工进度、施工方案及工程质量保证措施应符合有关标准；

③ 资源（资金、劳动力、材料、设备）供应计划应满足工程施工需要；

④ 安全技术措施应符合工程建设强制性标准；

⑤ 施工总平面图布置应科学合理。

（2）施工方案审查的基本内容

① 编审程序应符合相关规定；

② 工程质量保证措施应符合有关标准；

③ 施工工艺方法安排、资源配置应合理；

④ 施工技术应保障施工进度要求合理。

（3）施工组织设计（方案）审查的重点内容

① 施工组织设计应由项目负责人主持编制，可根据需要分阶段编制和审批；

② 施工组织总设计应由总承包单位技术负责人审批，单位工程施工组织设计应由单位技术负责人或技术负责人授权的技术人员审批，施工方案应由项目技术负责人审批，重点、难点分部分项工程和专项施工方案应由施工单位技术部门组织专家评审、施工单位技术负责人批准；

③ 由专业承包单位施工的分部分项工程或专项施工方案应由专业承包单位技术负责人或技术负责人授权的技术人员审批；

④ 审查项目管理机构人员的配备情况，是否持证上岗，各管理体系是否健全，施工部署及总进度计划的审查。

5）施工组织设计的程序

（1）施工单位完成组织设计的编制及内部审批，向项目监理机构报审。《监理规范》用《施工组织设计、（专项）施工方案申报表》（表 B.0.1），省统表为《施工组织设计（方案）报审表》（GD220207）。

（2）总监及时安排专业监理工程师审核，提出初步意见后报总监，经讨论后形成监理审核意见。

（3）已审定的施工组织设计由项目监理机构报送一份给建设单位，其余返回给施工单位实施。若须修改，退回施工单位修改后重新报审。

对施工组织设计的要求，应按《建筑施工组织设计规范》（GB/T 50502）和《建筑施工组织设计管理规范》（DB11/T 363）规定执行。

4. 分包单位资格审查

（1）分包单位资格审核要求

① 总包单位提前制订分包计划，报项目监理机构，并取得建设单位的认可；

② 对分包单位的营业执照、企业资质等级证书、安全生产许可文件、生产许可证、法人委托书及分包单位的招标方式进行审查；

③ 未经总包单位审核的分包单位不得进场施工或供货；

④ 建设单位不得直接指定分包单位，承包单位对自己承包范围的工程符合相关施工合同的规定；

⑤ 主体工程或主要工程不得分包；

⑥ 总包单位不得将分包工程肢解分包，分包单位不得转包工程或再分包。

（2）施工分包单位资格审核的内容

① 营业执照、企业资质等级证书的相关审核，主要包括执照的有效期和经营范围、证书的等级和有效期等；

② 安全生产许可文件是否在 3 年有效期之内；

③ 近几年承包的工程项目，以及发生的质量事故等。

（3）材料和生产供应商审核内容

① 营业执照、企业资质等级证书的相关审核，主要包括执照的有效期和经营范围、证书的等级和有效期等；

② 安全生产许可文件是否在 3 年有效期之内。

工程开工前，总包单位填写《分包单位资格报审表》，总监安排专业监理工程师审查。

2.6　安全控制

1. 安全生产管理的监理方案的编制

（1）安全生产管理的监理方案由项目总监负责组织安全生产管理的监理员和各专业监理工程师共同编制，并由监理单位技术负责人审批后执行。

（2）安全生产管理的监理方案的编制应依据相关法规、委托监理合同约定的安全生产管理的监理要求，以及工程项目特点、施工现场实际情况编制。

（3）安全生产管理的监理方案应明确安全生产管理的监理工作目标、安全生产管理的制度、方法和措施，应具有对安全生产管理的监理工作的指导性，并应根据情况的变化予以补充、修改和完善。

（4）安全生产管理的监理方案应与监理规划同时编制完成，它是监理规划的重要组成部分。施工过程中遇到施工方案有变动时，安全生产管理的监理工作方案要动态跟进调整。

（5）安全生产管理的监理方案在施工报建时需要提交给安全监督机构，并在第一次工地会议召开前提交建设单位。

安全生产管理的监理方案的内容：

① 工程项目概况及项目安全生产管理的监理特点难点分析；

② 安全生产管理的监理工作范围；

③ 安全生产管理的监理工作内容；

④ 安全生产管理的监理工作目标；

⑤ 安全生产管理的监理工作主要依据；

⑥ 项目监理机构的安全生产管理的监理组织形式及人员配备；

⑦ 项目监理机构安全生产管理的监理人员岗位职责；

⑧ 安全生产管理的监理工作总程序；

⑨ 安全生产管理的监理工作方法及措施；

⑩ 安全生产管理的监理工作制度；

⑪ 主要安全生产管理的监理用表。

2. 安全生产管理的监理实施细则编写

（1）安全生产管理的监理实施细则编写规定

① 凡属于危险性较大的分部分项工程，施工单位必须编制专项施工方案，监理单位必须编制安全生产管理的监理实施细则。并结合项目实际情况及相关规定，对其他危险性较大的分部分项工程也应编制安全生产管理的监理实施细则。

② 安全生产管理的监理实施细则由项目总监安排，相关专业监理工程师、安全生产管理的监理员等相关监理人员共同编写，由总监批准执行。

③ 安全生产管理的监理实施细则应符合“安全第一，预防为主”的方针，要具有可操作性，并应根据情况的变化予以补充、修改和完善。

④ 危险性较大的分部分项工程必须在施工开始前编制安全生产管理的监理工作实施细则。

（2）安全生产管理的监理实施细则的编制依据

① 已批准的监理规划、安全生产管理的监理方案；

② 相关法律法规、工程建设强制性标准、施工技术规范、设计文件、合同等；

③ 批准的施工组织设计和专项施工方案等。

（3）安全生产管理的监理实施细则应包括的内容

① 危险性较大分部分项工程安全生产管理的监理工作特点和施工现场环境状况；

② 安全生产管理的监理人员安排与分工；

③ 安全生产管理的监理工作方法及措施；

④ 针对性的安全生产管理的监理检查、控制点；

⑤ 需要旁站监理的部位、旁站人员及旁站要求；

⑥ 危险性较大分部分项工程验收要求；

⑦ 安全隐患处理程序及要求；

⑧ 相关过程的检查记录表格和资料目录；

⑨ 安全生产管理的监理日记要求等。

3. 危险性较大的分部分项工程范围及专项施工方案专家论证

1）法规规定的危险性较大的分部分项工程范围

危险性较大的分部分项工程范围和超过一定规模的需专家论证的危险性较大的分部分项工程范围及划分见表 2-1。

表 2-1　危险性较大的分部分项工程范围一览表

危险性较大的分部分项工程名称			须编报专项施工方案	须编报专项施工方案且需专家论证审查
一、基坑及降水工程			≥3m	≥5m
二、土方开挖工程			≥3m	≥5m
三、模板工程	工具式的模板工程：如滑模等		各类	各类
	满堂红支架	搭设高度	≥5m	≥8m
		搭设跨度	≥10m	≥18m
		施工总荷载	≥10kN/m^2	≥15kN/m^2
		集中线荷载	≥15kN/m	≥20kN/m
		钢结构安装	承重支撑体系	≥700kg
四、起重吊装工程		非常规起重设备单件起吊	≥10kN	≥100kN
		起重设备安装工程	各类	≥300kN
		内爬起重设备的拆除工程	各类	≥200m
五、脚手架工程		落地式钢管架工程	≥24m	≥50m
		附着式整体架工程	各类	≥150m
		分片提升架工程	各类	≥150m
		悬挑架工程	各类	≥20m
六、拆除工程		爆破	各类	各类
		易发有毒有害气体事故	各类	各类
		易发粉尘扩散事故	各类	各类
		易发易燃易爆事故	各类	各类
		行人/交通/电力/通信安全	各类	各类
		文物保护建筑	各类	各类
七、其他工程		建筑幕墙安装工程	各类	≥50m
		钢结构安装工程	各类	≥36m

（续表）

危险性较大的分部分项工程名称		须编报专项施工方案	须编报专项施工方案且需专家论证审查
七、其他工程	网架和索膜结构安装工程	各类	≥60m
	人工挖孔桩工程	各类	≥16m
	地下暗挖、顶管、水下工程	各类	各类
	预应力工程	各类	各类
	尚无相关技术标准工程	各类	各类

2）其他需要编制专项施工方案的范围

项目总监可根据工程特点，认为其他危险性大的分部分项工程，也可以下达安全生产管理的监理指令，要求施工单位增加编报专项施工方案。如施工场地地下管线保护专项施工方案、安全文明创优专项施工方案、工地临时防雷系统专项方案等。

3）专项施工方案监理审查、审核的主要内容

① 编审程序应符合相关规定。

② 审查安全技术措施是否符合工程建设强制性标准。例如工地场地布置、基坑支护工程、高大模板工程、大型起重吊装设备安装工程、脚手架工程、拆除爆破工程、施工现场临时用电工程等专项施工方案是否符合强制性标准要求。

③ 专项施工方案的内容及深度能否满足指导施工的基本要求。对临电、基坑、土方、模板、吊装、脚手架、设备拆装、挖孔桩、拆除工程、应急预案等10个专项施工方案编制的内容有具体要求，可依据其要求对专项施工方案的内容及深度进行审查。

④ 应检查专项施工方案是否附具有安全验算结果。对涉及深基坑、地下暗挖工程、高大模板工程等超过一定规模的危险性较大的分部分项工程专项施工方案，还应审查施工单位组织专家进行论证审查情况及修改情况。

⑤ 专业监理工程师审查完专项施工方案后，应对方案的编制内容是否完整，是否结合项目实际情况编制并具有针对性，设计计算及专业技术性是否正确，施工工艺是否合理可行，安全质量保证措施是否完善有效，是否有违反强制性标准的内容等方面给予准确的评价，并报总监审核、审批。

⑥ 总监对专项施工方案及专业监理工程师的审查意见进行审核，并签署审核意见后，报建设单位批准执行。

4）安全专项施工方案专家论证的组织

超过一定规模的危险性较大的分部分项工程的专项方案应当由施工企业组织召开专家论证会。实行施工总承包的，由施工总承包企业组织召开专家论证会。

下列人员应当参加专家论证会：

① 专家组成员；

② 建设单位项目负责人或技术负责人；

③ 监理企业项目总监及相关人员；

④ 施工企业安全生产管理机构及工程技术管理机构有关负责人、项目负责人、项目技术负责人、专项方案编制人员、项目专职安全生产管理人员；

⑤ 有涉及勘察设计内容的，可要求勘察、设计单位项目技术负责人及相关人员参加。

5）论证专家的组成及应具备的基本条件

（1）专家组应当由5名及以上的专家组成。专家应当在论证会召开前从工程所在地的专家库中随机抽取。本地区专家人员无法满足专家论证需要时，可从本省其他地区专家库中抽取。

（2）专家应当具备以下两个基本条件：

① 从事专业工作15年以上或具有丰富的相关专业经验；

② 具有相关专业高级专业技术职称。

（3）本项目参建单位人员不得以专家身份参加专家论证会。

4. 安全监理

（1）施工准备阶段项目监理机构应要求建设单位提供的文件和资料

① 施工现场及毗邻区域内供水、供电、供热、通信、广播电视、排水等地下管线资料和地质水文资料，相邻建筑物、构筑物、地下工程有关资料；

② 对拆改、重新装修工程，如涉及建筑主体和承重结构变动或荷载发生变化时，应提供原设计单位或具有相应资质等级的设计单位的设计文件，对结构的安全性进行认定。

（2）项目监理机构应根据工程的特点，通过建设单位要求设计单位提供的文件

① 涉及施工安全的重点部位和环节的设计说明或指导意见；

② 针对工程所采用的新结构、新材料、新工艺和特殊结构，提出保障施工作业人员安全和预防生产安全事故的措施或建议。

（3）项目监理机构必须要求承包单位（及其分包单位）提供的文件

① 相关资质证明文件，如企业资质证书、安全生产许可证、专项资质证书、专项安全生产许可证、安全教育培训合格证书、特种作业人员作业操作资格证书等；

② 施工组织设计及专项安全施工技术措施文件；

③ 向建设行政主管部门办理的《施工起重机械登记表复印件》。

（4）项目监理机构应审查下述内容的合法性及有效性

① 施工单位编制的地下管线保护措施方案是否符合强制性标准要求；

② 基坑支护与降水、土方开挖与边坡防护、模板、起重吊装、脚手架、拆除爆破等分部分项工程的专项施工方案是否符合强制性标准要求；

③ 施工现场临时用电施工组织设计或者安全用电技术措施和电器防火措施是否符合强制性标准要求；

④ 冬季、雨季等季节性施工方案的制定是否符合强制性标准的要求；

⑤ 施工总平面布置图是否符合安全生产的要求，办公、宿舍、食堂、道路等临时设施设置以及排水、防火措施是否符合强制性标准的要求。

（5）对危险性较大的工程或施工作业的安全监理

项目监理机构应要求施工单位执行专项开工报审制度，并要求施工单位专职安全生产管

理人员进行现场监督。

（6）总监理工程师编制监理规划应注意的问题

根据《建设工程安全生产管理条例》、工程建设强制性标准、《建设工程监理规范》以及委托监理活动编写安全监理的内容，明确安全监理工作的范围、深度、工作程序、原则和做法，对危险性较大的分部分项工程应该在施工前组织编制安全专项管理实施细则。

（7）开工前项目监理机构的查验重点

开工前，项目监理机构应查验承包单位对施工有关人员上岗前的安全技术培训记录。

2.7 风险预防

《建设工程安全生产管理条例》把监理的安全责任明确了，却并没有给监理相应的权力。监理只是一个提供技术服务的社会中介组织，没有相应的处罚权——行政权利，但要承担起沉重的安全监理的社会责任。问题：发生事故后，对监理安全责任判定的自由裁量有扩大化的趋向。目前监理单位的安全责任基本可以同施工单位比肩，有些对监理单位的处罚甚至超过施工方。这也是建筑行业的一大怪现象，监理现在处于明显的权责不对等状态，监理的安全责任风险越来越重，整个监理行业演变为“高风险”行业已经是一个不争的事实。

监理工作如何规避防范安全责任风险，应该做到以下几点。

1. 监理企业应加强与监理协会的沟通

工程监理协会是一个跨地区、跨部门的社团组织，是政府的助手和企业的参谋，是联系政府和企业的桥梁和纽带，是全体监理企业的后备力量。监理企业要保持与监理协会的沟通和联系，为工程监理协会出谋划策。首先，监理协会牵头组织各级监理企业订立行业自律公约时，监理企业应积极提供合理化建议，改变目前监理同行业间互相残压、恶性竞争的状况；其次监理企业要协助监理协会，建议政府部门制定出有利于监理行业发展的好的政策和方针，为监理现在面临的严峻安全责任风险解压、减压；最后，必要时邀请监理协会对本监理企业调研，对监理工作规范分类指导，促使监理工作走上良性发展之路。

2. 监理企业应制定和完善各项制度规避各种安全责任风险

（1）监理单位应制定各级安全监理责任制和监理人员安全生产教育培训制度，明确各级监理人员职责，全员参与、齐抓共管、层层落实，搞好安全监理工作。

（2）监理单位应根据实际需要，编制企业内部的《安全监理方案指导版》《安全监理作业指导书》《安全监理资料管理办法》等实用的安全监理方面技术支持文件，指导安全监理工作。

（3）监理单位应设置公司级的安全管理机构，综合配备专职安全工作管理人员，实现资源共享。针对工地的一些重点危险源，如对临时用电、大型起重机械设备的安装和拆卸等重点危险源，实施重点监控、检查，以减轻项目监理部一线人员的压力。

3. 项目监理部应完善执行安全生产管理制度

项目监理部应按照企业《安全监理责任制》及公司制定的各项规章实施办法，审查全面，巡视检查，定期召开监理例会，建立业主、施工单位、监理方每周一次联检制度。同时要接受各级建设行政主管部门的指导和监督检查，大力配合，共同督促施工单位加强安全生产管理，搞好安全管理工作，并要做好日常安全监理资料的整理，分类及组卷归档工作。

4. 监理从业人员应加强职业道德教育提高个人修养和素质从以下八个方面展开工作

（1）该“做”的一定要做

监理接收工作第一步，应熟悉合同、明确任务、给人员定职定责、组织实施开展工作，要熟悉设计图纸，向业主提出书面建议，编制项目具有针对性的监理规划和监理实施细则（都必须有安全方面的内容），组织全体监理人员进行监理规划和实施细则的交底会。总监一定要转变观念，重抓管理，督促做好监理人员的各项工作。

（2）该“审”的一定要审，要审查全面

监理工作中要求业主、施工方提供相应资料。现在业主的行为很不规范，施工方素质低下，资料收集不上来一定要书面发文催促，并在监理会议上提及，做好监理例会纪要。按照建设部《关于加强工程监理人员从业管理的若干意见》的要求，在准备阶段做好五个方面的审查、审核工作，分清哪些该做技术性审查，哪些该做程序性审查，审查重点是否符合强制性条文规定，审查者自身要具备一定的安全专业知识，要有一定的现场安全隐患辨别能力。

（3）该“查”的一定要查，检查督促到位

要根据建设部《关于加强工程监理人员从业管理的若干意见》做好各个方面的检查督促工作，重点核查现场开工条件，各项安全措施是否齐备。符合开工要求才能签发“开工报告”。

开工后的周边环境一定要观察好。地处山区的工程，到处是边坡、沟坎，砌筑挡墙较普遍，业主为省钱，容易出现挡墙断面不足，挡墙回填土质量不过关，因此要高度重视。要观察拟建建筑物周边是否毗邻建筑物、构筑物、地下管线，施工方的保护措施是否有效和具有针对性。对工程出事频率高的以下方面，一定重点督查。

① 基坑坍塌，放坡不够，基坑支护不过关，施工过程易坍塌；

② 起重设备的安拆，主要是拆除极易突发事故；

③ 高层的电梯井坠落、坠物，高层作业坠落、坠物；

④ 卸料平台不合格或超载；

⑤ 脚手架、模板支撑系统材料不合格或现场施工作业人员违章作业，不按审定的施工方案施工；

⑥ 现场临时用电安全；

⑦ 装修过程极易发生消防事故。

（4）该“改”的一定要改

对监理检查过程中发现的问题：小问题，例如抽烟、安全帽配带，口头指出，记录在监理日记中；对“四口、五临边”等存在的安全隐患，一定要下发书面通知，现场发现的问题要及时和总监沟通，及时处理；很难办、或解决不了的问题要及时上报监理单位，请单位协助解决，每月监理会议一定要提及所发现存在的安全问题、各种隐患，并形成决定限时整改，必要时一定要召开安全专题会议。

（5）该“停”的一定要停

在具体的监理实际工作，要根据《建设工程监理规范》（GB 50319—2000）第 6.1.2 条所列的五种情况正确行使停工指令，并按规定及时向甲方书面报告。

（6）该“报”的一定要报

对施工单位拒不整改的严重安全隐患，一定要及时向建设行政主管部门进行报告，使用电话报告的，要有记录。事后要及时补充书面报告。同时一定要向本监理单位做出汇报。

（7）该“学”的一定要学

监理一定要加强法律法规文件，强制性标准的学习，要学法、懂法、用法。《建筑法》《合同法》《招投标法》《安全生产法》《建设工程质量管理条例》《建设工程安全生产管理条例》《建设工程勘察设计管理条例》《实施工程建设强制性标准监督规定》《房屋建筑和市政基础设施工程施工图设计文件审查管理办法》《注册监理工程师管理规定》等以及有关施工安全方面的规范、规程、办法一定要全面学习，合理应用。

（8）该“理”的一定要理

工程资料的整理要专人负责，规范收集、整理归档。尤其是收发文制度，一定要建立，不能怕麻烦。对业主的发文，施工方的发文，签字手续一定要完备，谁收谁签字，坚决不能代签。俗话说：凭在纸上，凭不在嘴上。一旦发生安全生产事故，监理保存的书面资料是自身最有说服力的举证维权凭据。

子任务三　其他准备工作

通过本任务的学习，了解监理对工程开工的资料审查，熟悉监理的工作联系单的使用，掌握监理通知单的使用，形成对建设工程监理在开工前准备工作的认识。

1. 开工条件的审查。
2. 监理通知单的使用。
3. 工作联系单的使用。

2.8　开工条件审查及开工令

为保证项目合法、有序、顺利开工，总监应组织专业监理工程师全面审查参建各方的开工条件，具备开工条件时签发工程开工令。

1. 取得施工许可证应具备的条件

① 已经办理该建筑工程项目用地批准手续。

② 在城市规划区的建筑工程，已经取得建设工程规划许可证。

③ 施工场地已经基本具备施工条件，需要拆迁的，其拆迁进度符合施工要求。

④ 已经依法依规确定施工企业，并签订工程施工合同。

⑤ 有满足施工需要的施工图纸及技术资料，施工图设计文件已按规定进行了审查。

⑥ 有保证工程质量和安全的具体措施。施工企业编制的施工组织设计中有根据建筑工程特点制定的相应质量、安全技术措施，专业性较强的工程项目编制了专项质量、安全施工组织设计，并按照规定办理了工程质量、安全监督手续。

⑦ 按照规定应该委托监理的工程已委托监理。

⑧ 建设资金已经落实。建设工期不足一年的，到位资金原则上不得少于工程合同价的50%；建设工期超过一年的，到位资金原则上不得少于工程合同价的 30%。建设单位应当提供银行出具的到位资金证明，有条件的可以实行银行付款保函或者其他第三方担保。

⑨ 法律、行政法规规定的其他条件。

2. 建设单位开工条件内容审查

① 已取得施工许可证。

② 征地拆迁能满足工程进度的需要。

③ 经审查的施工图设计文件已到位，并完成消防、人防、防雷、卫生防疫、绿色建筑（节能、环保）备案、设计交底和图纸会审。

④ 依法进行咨询、施工、服务、采购、工程检测委托第三方等进行招标。

⑤ 在经过招标或其他合法程序确定项目施工单位候选单位，建设单位与选定的总施工单位签订工程承包合同。

⑥ 建设单位应按有效的工程承包合同条款履行开工前的相关责任，按约定向施工单位划拨工程预付款。

⑦ 项目开工现场具备供水、供电、通信及道路和场地平整的条件。

⑧ 工程质量、安全监督机构已办理委托手续。

当地建设行政主管部门另有规定的从其规定。

3. 施工单位开工条件审查

① 组建施工项目经理部，建立健全的现场质量、技术、安全生产管理体系。

② 专业分包资格已通过审查。

③ 申报施工组织设计及先期开工的专项施工方案已批准。

④ 施工试验室与检测设备、工器具配置符合要求。

⑤ 临设与施工用水、用电与排污布置合理。

⑥ 施工测量控制成果及其保护报验已完成，并符合要求。

⑦ 大型及主要施工机具已进场并报验合格，获得准用证。

⑧ 建筑材料已进场报验，并且合格和能保障供应。

⑨ 施工场地安全文明环境与绿色环保条件已符合要求。

当地建设行政主管部门另有规定的从其规定。

4. 开工令签发

① 经总监签发的开工令，是现场开始正式施工的指令和依据，开工令标明的开工日期作为计算工期起始日期的依据。

② 开工令应采用当地建设行政主管部门或《监理规范》表 A.0.2 的表式，由总监亲自签署（不可委托责任），加盖其执业印章及监理单位法人公章后发出。

2.9 监理通知单

1. 签发条件

项目监理机构发现工程施工现场存在以下问题时，应对当事责任单位发出监理通知单作为要求纠偏、整改的指令性文件。

① 施工现场存在工程质量、安全问题或隐患的；

② 施工单位采取不适当的施工工艺，或施工不当，造成工程质量不合格的；

③ 工程质量不符合标准、规范、设计文件的；

④ 施工出现违法、违规或违约行为的；

⑤ 安全生产文明施工不符合当地建设行政主管部门规定和经批准的施工组织设计（方案）的。

2. 监理通知单内容

监理通知单主要内容应包括：“事由”“内容”两个基本要素。

（1）事由

简要说明签发监理通知单的理由。

（2）内容

说明所发现的问题及其时间、部位、范围、状况及事态发展的可能后果（必要时可附音像或物证资料）、依据与性质、明确处理或整改要求，包括诸如消除安全事故隐患源，临时加固、补强，停用、撤换或封存质量存疑的建筑材料、构配件，对不符合质量验收规范、标准要求的施工成果、半成品等作修补、改正或拆除重新施工等。

对于重要的整改，在保证现场情况、事态不进一步恶化、扩展的前提下，应责令当事责任单位在限期内按有关规定提出整改方案，经审批后方可实施。

监理通知单中应明确要求当事责任单位完成整改的内容与时限，并使用《监理通知回复单》回复。

3. 签发监理通知单注意事项

① 监理通知单是判定有关方责任的重要依据，所述事实和内容应真实、准确，所提要求应有理有据，并有效签署。

② 监理通知单可按《监理规范》表 A.0.3 的表式填写，并应正式发文，并按规定办理收发文签字手续。

③ 监理通知单发出后，项目监理机构应跟踪指令的执行情况与效果。当发现监理通知单的指令无效，事态进一步扩大、恶化时，应对当事责任单位采取进一步的措施，包括发出工程暂停令，或向建设单位乃至政府主管部门报告。

④ 监理通知单是严格的指令性文件，其文字表述上要下功夫，一定要严密、准确、清晰、具体。

⑤ 监理通知单还是监理责任和监理水平的体现，一定要严肃认真对待，不得出现差错。

2.10　工作联系单

工作联系单是用于施工过程中与监理有关的参建各方进行沟通、协调的一种书面文件，主要起到告知、备忘、提醒和建议等作用。参建单位均可向相关单位单方或多方发出，不需要书面回复。

1. 表式与内容文字

工作联系单应按《监理规范》表 C.0.1 格式的要求填写，其主要内容应包括“事由”“意见或建议”等，相关内容应条理清晰、便于阅读。工作联系单的文字应准确（如时点、周期、场所位置等）、清晰（如目的、原因、责任者、条件、措施等）、简洁，当采用较多数据作支持时，应对数据作归纳、汇总整理，并以图表形式表示。

2. 跟进处置

发出工作联系单应办理发文登记手续，以便检索。主动发出工作联系单的一方应对接收方处理情况跟踪，如其未作响应的，应确定是否采取进一步的措施。

3. 使用工作联系单注意事项

由于工程建设的复杂性，协调成为工程监理的基本工作和重要手段。工作联系单是参建各方工作沟通协调的主要方式之一。项目监理机构在使用工作联系单时，应注意如下几点。

（1）坚持总监负责制，充分、恰当地运用监理的权力。

我国的建设监理制度是以监理企业为依托，以注册监理工程师为基础，由总监全面负责的项目管理体制，即由总监行使工程项目监理的所有职权，并承担根本责任。一个项目，如何开展监理工作，职权在于总监，其他监理人员要在总监授权下开展工作，并承担相应的责任（连带责任），及其自身行为责任（直接责任）。监理的权力主要在以下八点。

① 协调指挥权：如会议召集；

② 审查签认权：如施工方案、技术措施、管理体系、分包单位、进度计划、工程费用等；

③ 指令权：如施工问题的处理要求、工程变更、开工停工；

④ 检查权：工程材料、工艺过程、隐蔽工程、施工记录；

⑤ 确定权：工程质量、进度款支付、索赔的工期与费用等；

⑥ 建议权：选择施工总包、撤换施工管理人员、重要问题的技术措施与方案；

⑦ 准仲裁权：合同纠纷的处理；

⑧ 决策权：内部管理和业主授权范围内。

（2）坚持按监理工作程序办事，正确处理与参建各方的关系。

监理要依法依规坚持按监理工作程序办事，处理好各种工作关系，既不回避责任，也不代人受过。监理与建设单位（业主）的关系是委托与被委托的平等关系，正确理解建设单位授权与监理单位自主的关系，强调合同规定和平等、独立原则。

监理与施工单位的关系是监理与被监理的平等关系，注意利益纠葛，体现公正性，监理不得与施工、材料供货或设备采购单位有利害关系；监理与其他单位（设计、质监）等单位的关系是协作、协商、交流、互利共赢的关系，监理既代表业主，又有社会监督责任。

监理坚持按程序办事就是坚持监理的基本工作原则，坚守依法依规和职业道德，严格履行法定的责任和合同约定的职责，全面履行监理合同关于监理人的义务和工作职责。严格遵守《广东省监理行业自律公约》和所在单位的有关规定。

（3）坚持主动控制、事前控制的原则，分清主次问题，积极主动做好与参建各方的沟通和联系工作。

（4）充分重视工作联系中有关数据、信息的采集和保留工作，完善监理沟通协调相关文件资料。

任务三　施工阶段的监理工作

子任务一　安全控制

通过本任务的学习，了解建设工程监理安全生产管理的巡视检查，熟悉施工阶段安全监理的基本要求及安全隐患的处理，掌握生产安全事故的调查和处理程序。

1. 施工场地布置、施工现场临时用电、防火及消防系统安全巡视检查重点。
2. 生产安全事故等级划分及报告内容。
3. 安全隐患的分类及处理。

PPT

习题

自测题

3.1　安全生产管理的监理巡视检查

1. 安全生产管理的监理巡视检查

（1）定期安全联合检查

由项目总监安排、安全生产管理的监理人员具体负责，组织施工单位和建设单位代表共同对工地进行定期（视工程规模及危险程度等情况而定）安全生产管理的监理全面检查，并做好巡查记录。就检查发现的安全隐患要及时报告总监，并签发安全隐患整改通知单或停工整改指令。

（2）不定期专项安全检查

总监安排、安全生产管理的监理人员具体负责组织相关人员共同参加针对某一方面或专业安全问题进行专项检查。专项安全检查的基本原则就是哪里乱就检查哪里，特别是对那些容易发生安全事故的重大隐患一定要通过多次的专项检查及整治，消灭隐患于未然。专项安全检查可用《建筑施工安全检查标准（JGJ59）》中相关安全检查评分表，并可使用监理巡查记录表形成记录（可参考以下记录表），见表 3-1。

表 3-1 安全生产管理的监理巡查记录表

工程名称：×××地块项目基坑支护工程　　　　编号：×××

<table>
<tr><td colspan="2">上周安全隐患整改落实情况：
① 基坑临边护栏安全网已挂设完成；
② 基坑边堆放的模板、钢管、垃圾等已按照监理要求清理完成；
③ C 区 1#楼人工挖孔墩已按照要求设置了安全爬梯，毒气检测仪器到位并开始检测，但没有全面执行到位；
④ 总包单位管理人员已经按要求对人工挖孔墩施工过程实施了旁站监管</td></tr>
<tr><td colspan="2">本周存在的主要安全隐患及整改要求：
① 人工挖孔墩施工存在边抽水边挖掘的违规施工情况；
② 人工挖孔墩工人没有健康证上岗；
③ 人工挖孔墩专用开关箱应加装 15mA、0.1s 的漏电保护器；
④ 人工挖孔墩吊桶装料太满，已发生坠落伤人，我部现要求你们不允许装料超过吊桶的 2/3</td></tr>
<tr><td>安全隐患处理措施</td><td>对 1、3 点隐患签发《安全隐患整改通知单》</td></tr>
<tr><td>参加单位及人员签名</td><td>监理：＿＿＿＿＿＿　施工：＿＿＿＿＿＿　建设单位：＿＿＿＿＿＿</td></tr>
<tr><td>巡查日期和时间</td><td>××年××月××日××时至××时</td></tr>
</table>

注：现场巡查中发现存在安全隐患的问题可用数码相机拍照，附在《安全隐患整改通知单》后面。

2. 施工场地布置安全巡视检查重点

（1）施工场地布置巡视检查重点

① 工地必须采用封闭围挡，围挡高度不得小于 1.8m，市区主要路段不低于 2.5m。

② 工地应有固定的出入口，进口处应有整齐明显的“五牌一图”。

③ 施工现场必须将施工作业区与生活区严格隔离开。

④ 易燃易爆危险品库房与在建工程的防火间距不应小于 15m，可燃材料堆场及其加工场、固定动火作业场与在建工程的防火间距离应小于 10m，其他临时用房、临时设施与在建工程的防火间距不应小于 6m。

⑤ 消防车道设置数量不宜少于 2 个，当确有困难只能设置 1 个出入口时，应在施工现场内设置满足消防车通行的环形道路。

⑥ 每组临时用房的栋数不应超过 10 栋，组与组之间的防火间距不应小于 8m；组内临时用房之间的防火间距不应小于 3.5m。

⑦ 宿舍、办公用房建筑构件的燃烧性能、建筑层数、每层建筑及疏散楼梯宽度满足相关要求。

⑧ 高压架空电线下不得修建任何临时建筑设施，临时建筑设施与高压架空线路边线的最小安全距离须满足相关规定要求。

⑨ 厨房距厕所 30m 以上，距作业场区 20m；食堂必须有卫生许可证，炊事员必须持身体健康证上岗。

⑩ 施工现场应该禁止吸烟，并按照工程情况设置固定的吸烟室或吸烟处，吸烟室应远离危险区并设必要的灭火器材。

（2）施工现场安全警示标志设置巡视检查重点

施工现场入口处、施工起重机械、临时用电设施、脚手架、出入通道口、楼梯口、电梯井口、孔洞口、桥梁口、隧道口、基坑边沿、爆破物及有害气体和液体存放处等属于危险部位，应当设置明显的安全警示标志。

对于桥梁施工，安全巡查制度主要是针对桥梁施工作业面不断发生延伸和变化，随时都有新的情况产生，以危险源的转换，我们在巡查过程中能及时发现存在的安全隐患，通过口头和书面的形式通知承包人立即整改。检查的重点是对现场用电、基础施工的地质情况，高空施工的安全保护措施，交通组织措施以及承包人安全内业资料管理等。

施工单位填写《安全警示标志检查表》报项目监理机构审查；总监指派专业监理工程师对工地安全警示标志设置的位置、数量等全面核查，并由专业监理工程师对《安全警示标志检查表》签名确认。未达到要求的，报告总监签发安全隐患整改通知，要求施工单位限期整改、重新报验。在施工过程中，总监应根据工程进展，适时安排专业监理工程师督促施工单位对工地警示标志的设置情况进行价段性检查、填报《安全警示标志检查表》，并由专业监理工程师签署审查意见。

3. 施工现场临时用电系统安全巡视检查重点

（1）施工现场临时用电系统的检查验收程序

① 施工单位在自检基础上申报《临时用电验收表》，专监和总监共同参与验收工作。

② 在施工过程中，总监应根据工程进展，适时安排专业监理工程师对工地临电系统进行阶段性检查验收，并形成《临时用电验收表》。

（2）施工现场临时用电系统检查重点

① 对于施工现场的用电线路、用电设施的安装，监理检查抓住两个重点：一是检查两级漏电保护是否按规定设置并有效；二是检查专用保护零线（PE 线）是否按照规定接到设备。

② 工地必须建立“三级配电、两级漏电保护和一机一箱一闸一漏”的 TN-S 三相五线制接零保护供电系统。

③ 应使用三级标准电箱，不允许使用木质电箱和金属外壳木质底板电箱。电箱的电器安装板上必须分设 N 线端子板和 PE 线端子板。N 线端子板必须与金属电器安装板绝缘；PE 线端子板必须与金属电器安装板做电气连接。电源进线严禁采用插头和插座做活动连接。

④ 分配电箱与开关箱的距离不得超过 30m。开关箱与其控制的固定式用电设备的水平距离不宜超过 3m。

⑤ 在进入工地总配电箱的漏电保护器后的任何地方，工作零线 N（蓝色）不得再做任何接地，且不得与专用保护零线 PE 线（绿黄双色线）有任何的电气连接。

⑥ 专用保护零线严禁穿过漏电保护器，而工作零线必须穿过漏电保护器。

⑦ 设备外壳接地端子必须与专用保护零线连接，且必须专用，不得多台串接。

⑧ 专用保护零线 PE 线上严禁装设开关或熔断器等，严禁通过工作电流，严禁断线。

⑨ 临电系统的 PE 线的截面不小于零线的截面。

⑩ 电缆必须包含全部工作芯线、淡蓝色的工作零线（N）和绿黄双色的专用保护零线

（PE），且 PE 线和 N 线必须使用规定的颜色，不得混用；开关箱至总箱的电缆应采用埋地或架空敷设，严禁沿地面明设。

⑪ 当施工现场使用柴油发电机组供电时，应符合相关规定。

⑫ 在下列情况下应使用安全电压的电源。

- 当室外灯具距地面低于 3m、室内灯具距地面低于 2.4m 时，应采用 36V 供电；
- 使用手持照明灯具的电压不超过 36V；
- 隧道、人防工程电源电压应不大于 36V；
- 在潮湿和易触及带电体场所的电源电压不得大于 24V；
- 在特别潮湿场所和金属容器内工作时，照明电源电压不得大于 12V。

4. 施工现场防火及消防系统安全巡视检查重点

（1）施工现场防火及消防系统的检查验收程序

① 施工单位申报消防设施验收表，专业监理工程师和项目总监共同参与验收及确认，验收合格方可投入使用。专业监理工程师和项目总监可以参与其验收。

② 总监根据工程进展情况适时安排阶段检查。施工单位将验收合格及安全负责人签字确认的资料报总监或专业监理工程师审查。

③ 施工单位要定期对工地存有易燃易爆品的管理与使用情况进行检查，监理机构也要注意对易燃易爆品的使用管理的检查。

④ 施工单位要制定施工现场火灾及消防应急预案，项目监理机构要督促施工单位做好消防救援演练。

⑤ 施工单位（会同有关单位）对工地临时消防系统验收合格后，应报请当地消防管理部门审查或验收。

（2）施工现场动火作业管理基本要求

① 动火作业应办理动火许可证。

② 动火操作人员应具有相应资格。

③ 焊接、切割、烘烤或加热等动火作业前，应对作业现场的可燃物进行清理。

④ 裸露的可燃材料上严禁直接进行动火作业。

⑤ 焊接、切割、烘烤或加热等动火作业，应配备灭火器材，并设动火监护人进行现场监护，每个动火作业点均应设置一个监护人。

⑥ 五级（含五级）以上风力时，应停止焊接、切割等室外动火作业，否则应采取可靠的挡风措施。

⑦ 动火作业后，应对现场进行检查，确认无火灾危险后，动火操作人员方可离开；施工现场和具有火灾、爆炸危险的场所严禁明火。

⑧ 气焊回火会引起爆炸事故，所以，乙炔瓶必须安装回火防止阀。乙炔瓶必须立放，不允许卧放，不要暴晒。氧气瓶与乙炔瓶的间距不得少于 5m。

（3）施工现场灭火器材和应急照明的配置要求

在易燃易爆危险品存放及使用场所、动火作业场所、可燃材料存放加工及使用场所、厨房操作间、锅炉房、发电机房、变配电房、设备用房、办公用房、宿舍等场所应配置灭火器。

（4）工地临时消防系统设置要求

临时用房建筑面积之和大于 1 000m^2 或在建工程单体体积大于 10 000m^3 时，应设置临时室外消防给水系统。当外部消防水源不能满足施工现场的临时消防用水量要求时，应在施工现场设置临时贮水池。临时贮水池宜设置在便于消防车取水的位置。

3.2　施工实施阶段的安全监理

1. 项目监理机构在施工实施过程中的监理内容

① 监督施工单位按照施工组织设计中的安全技术措施和专项施工方案组织施工，及时制止违规施工作业。

② 定期巡视检查施工过程中的危险性较大工程作业情况。

③ 检查施工现场施工起重机械、整体提升脚手架、模板等自升式架设设施和安全设施的验收手续。

④ 检查施工现场各种安全标志和安全防护措施是否符合强制性标准要求，并检查安全生产费用的使用情况。

⑤ 督促施工单位进行安全自查工作，并对施工单位自查情况进行抽查，参加建设单位组织的安全生产专项检查。

2. 施工实施过程中安全隐患和问题整改的监理办法

（1）出现安全隐患和问题时项目监理机构应填写《监理通知单》，通知承包单位整改，紧急情况可口头通知承包单位立即整改，但必须补发书面通知。

（2）发生下列情况之一，总监理工程师应向施工单位下达局部或全部工程的工程暂停令，待承包单位整改报监理检查同意后再下达复工指令。

① 承包单位无安全施工技术措施或措施存在严重缺陷；

② 承包单位拒绝监理的安全管理，对安全生产整改要求不予整改并擅自继续施工；

③ 施工现场发生了必须停工的安全生产紧急事件；

④ 施工出现重大安全隐患，监理认为有必要停工以消除隐患。

监理下达《工程暂停令》，在正常情况下应事前向建设单位报告，并征得建设单位同意。在紧急情况下，总监理工程师也可先下达《工程暂停令》，此后在 24 小时以内向建设单位报告。

（3）当承包单位接到《监理通知单》或《工程暂停令》后拒不整改或者不停止施工时，项目监理机构应报监理企业并及时向建设行政主管部门提出书面报告。

3. 对专项工程或施工作业的安全监理

项目监理机构应审查施工单位报审的专项施工方案，符合要求的，由总监理工程师签认后报建设单位。对达到一定规模的、危险性较大的分部分项工程的专项施工方案，还应检查其是否符合安全验算结果。对涉及深基坑、地下暗挖工程、高大模板工程的专项施工方案，还应检查施工单位组织专家进行论证、审查的情况。

项目监理机构应要求施工单位按照已批准的专项施工方案组织施工。专项施工方案需要调整的，施工单位应按程序重新提交项目监理机构审查。

项目监理机构应巡视检查危险性较大的分部分项工程专项施工方案实施情况。发现未按专项施工方案实施的，应签发监理通知，要求施工单位按照专项施工方案实施。

4. 针对性地召开安全生产会议

项目监理机构可针对安全生产及管理存在的问题，召开专题安全生产会议，并做好安全会议纪要工作。

5. 处理重大安全事故

（1）当发生重大安全事故时，项目监理机构必须在24小时内向监理企业和建设单位书面报告，特大事故不能超过2小时。报告包括以下内容。

① 事故发生的时间、地点、工程项目、企业名称；

② 事故发生的简要过程、伤亡人数和直接经济损失的初步估计；

③ 事故发生原因的初步判断；

④ 事故发生后采取的措施及事故控制情况；

⑤ 事故报告的项目监理部名称及报告人。

（2）项目监理机构应要求事故发生单位严格保护事故现场，采取有效措施抢救人员和财产、防止事故扩大。有条件时，应摄影或录像。

（3）项目监理机构应配合事故的调查，以监理的角度，向调查组提供各种真实情况，并做好维权、举证工作。

6. 完善安全管理资料

项目监理机构应做好安全监理记录，完善自身安全管理资料，包括施工单位安全保证体系资料、监理规划（安全部分）、监理安全管理细则、监理安全检查表、安全类书面指令台账、施工单位安全检查周报等，记录及资料应当真实、清楚。

7. 做好立卷归档工作

工程竣工后，监理单位应将有关安全生产的技术文件、验收记录、监理规划、监理实施细则、监理月报、监理会议纪要及相关书面通知等按规定立卷归档。

3.3 施工安全隐患的处理

1. 施工过程中的不安全因素及安全心理

1）施工现场的不安全因素

（1）人的不安全因素和行为

① 人的不安全因素：人的心理、生理、能力中所具有的不能适应工作、作业岗位要求的

影响安全因素。常见有如下情况：

A. 心理——懒散、粗心、冒险

B. 生理——视觉、听觉、体能、疾病

C. 能力——知识技能、资格、应变能力不能适应工作或工作要求

② 人的不安全行为：根据《企业职工伤亡事故分类标准》分为13大类：

A. 操作失误、忽视警告

B. 使用不安全设备

C. 冒险进入危险场所

D. 攀坐安全位置

E. 在吊物下作业、停留

F. 有分散注意力的行为

G. 没有正确使用防护用品、用具

H. 物体存放不当

L. 安全的装束

J. 对易燃、易爆等危险品处理错误

（2）物的不安全状态

物的不安全状态是指能导致事故发生的物质条件，包括机械设备等物质或环境所存在的不安全因素。物的不安全状态类型有：

① 防护等装置缺乏或有缺陷；

② 设备、设施、工具、附件有缺陷；

③ 个人的防护用具缺少或有缺陷；

④ 施工现场环境不良。

（3）管理上的不安全因素

管理上的不安全因素就是管理缺陷，它作为间接原因主要有：

① 技术上的缺陷；

② 教育上的缺陷；

③ 管理工作的缺陷；

④ 社会的、历史的原因造成的缺陷。

人的不安全行为与物的不安全状态在同一时间、同一空间相遇就会导致事故的出现。因此，施工安全控制就得从人的不安全因素抓起、约束人的不安全行为，加强技能培训、严查持证上岗；同时消除物的不安全状态，如下述：

① 检查落实施工单位的安全生产责任制度。分解到各级、各类人员的责任制及横向各部门责任制；

② 建立安全生产教育制度；

③ 执行特种作业管理制度——特种作业人员的分类，持证上岗。

2）消除物的不安全状态

① 建立安全防护制度——包括土方开挖、基坑支护、脚手架工程、临边洞口作业、高处作业及料具存放等的安全防护要求；

② 机械安全管理制度——包括塔吊及主要施工机械的安全防护技术及管理要求；

③ 临时用电管理制度。

3）消除不安全因素

一定要同时约束人的不安全行为，消除物的不安全状态。通过安全技术管理，包括安全技术措施和施工方案的编制、审批、交底，各类安全防护用品、施工机械、设施、临时用电等的检查验收予以实现。

4）采取隔离措施

使人的不安全行为与物的不安全状态不相遇，就必须建立各种劳动防护管理制度。

5）安全心理

施工单位必须建立健全的安全生产责任制和安全教育培训制度，安全管理从思想教育入手、预防为主，加大安全知识宣传，勿以小而忽视。施工监理过程中常存在如下问题。参与建设工程各方责任主体的安全生产管理意识及安全生产自我保护意识不强，各自承担的安全责任不清，安全管理专业水平不高，缺乏健全的安全生产管理制度和完善的安全管理体系。施工现场的安全监理工作随着国家各种建筑工程法律、规章及地方建筑工程法规的陆续出台、建设行政主管部门的大力监管、工程监理制的推行、普及，以及各建筑工程施工单位整体素质的提高，建筑工程的质量意识已是深入人心，工程项目的总体施工质量有了相当大的提高。与之不相适应的是施工过程的安全管理工作却未能与建筑工程的质量管理工作同步提高，恶性安全事故频发。客观上，加强现场的安全管理工作，势必增加各种人力、财力、物力的投入，从而导致成本的增加，而安全生产方面的投资是不能直接产生经济效益的，因此施工单位从自身经济利益的角度出发，往往对安全生产管理工作积极性不高。但主要的原因，则是部分施工单位对安全生产工作重要性的认识未能提高到应有的高度，工程项目部在施工过程中往往只注重了质量、成本及工期的控制，而忽略了对安全生产工作的管理。同样，目前的建筑工程监理单位或多或少在施工安全的监理工作上也存在一定的误区，往往偏重于对工程质量、进度方面的监理，而不能充分认识到安全监理工作的重要性。这一方面与长期形成的安全管理意识有关，另一方面，现场监理人员安全监理工作相关业务知识的缺乏也制约了他们更好地完成施工现场的安全监理工作。针对以上情况，作为监理单位从业人员，必须首先从思想上加强安全管理意识，加强安全监理工作业务知识和经验的积累，才能更好地督促施工单位做好施工安全管理工作，及时发现施工中存在的安全隐患，实现安全监理目标。

2. 施工安全隐患处理的程序及要求

（1）项目监理机构对工地施工安全监管应做到：问题要看到，看到要说到，说到要写到，写到要跟到。

（2）项目监理机构在定期巡视检查、不定期专项安全检查、阶段性安全检查评分、安全旁站监督、安全防护工程验收、大型施工设备安装工程验收等安全检查活动中，除了要做好相关记录外，对检查发现的安全隐患还要及时报告总监签发安全隐患整改指令。

（3）对工地存在的安全隐患，总监应根据情况及时签发安全隐患整改通知，并有效送达施工单位执行。

（4）对首次签发的安全隐患整改指令复查后，如果发现施工单位整改不到位或整改不力，总监应再次发出限期整改通知，并依据承包合同相关条款附带经济处罚等更严厉的监理措施。

（5）对再次签发的安全隐患整改指令复查后，如果施工单位仍然没有真正落实整改，总监可根据情况签发撤换安全管理人员的整改指令或签发暂时停止施工通知。

（6）对施工单位违反建设程序、无方案施工、不按批准的专项施工方案组织施工、危险性较大的分部分项工程未经监理验收擅自进入下道工序施工、对监理整改指令拒不整改、违规违章作业、瞎指挥等重大安全隐患，监理人员要及时给予制止，并及时报告总监签发暂时停止施工通知，并有效送达施工单位执行，且必须同时抄送建设单位。

（7）总监对施工安全隐患采取签发限期整改指令或停工整改指令，或依据承包合同及施工安全协议书对施工单位进行经济处罚，或对不能有效履行安全管理职责的施工管理人员建议更换等监理措施后，施工单位对总监签发的安全隐患整改通知或暂时停止施工通知拒不整改，工地存在重大安全隐患无法落实整改时，总监需及时起草《安全生产管理的监理重大情况报告》，报监理公司，由公司法定代表人签发并盖公章后，上报安全监督站进行处理。

（8）专业监理工程和监理员要检查监督施工单位按照总监签发的安全隐患整改通知或暂时停止施工通知要求进行整改，并督促施工单位申报安全隐患整改回复或复工申请，专业监理工程师和监理员应如期对安全隐患整改回复或复工申请进行复查，并签署复查意见后报总监签署处理意见及结论后返还施工单位执行。

（9）项目监理机构对安全监督站签发的安全整改指令要督促施工单位落实整改，并如期如实回复。

3. 施工安全隐患处理实例

（1）监理机构对巡视检查或验收中发现的施工安全管理缺陷、安全措施缺陷和违章违规作业等安全隐患，应及时签发限期整改安全隐患整改指令，下达相应文件，见表 3-2。

表 3-2　安全隐患整改监理通知单

工程名称：×××　　　　　　　　　　　　　　　　　　　　编号：×××

致：×××公司项目经理部（承包单位） 经检查发现，施工现场存在下列安全隐患： ① 基坑北侧 D 路和 C 路总电箱一个空开同时控制两个分配电箱； ② Dl#分配电箱到 7#冲孔钻机、C2#分配电箱到 8#冲孔钻机、A31#分配电箱到 500 静压桩机没有 PE 线； ③ 基坑东侧水泵开关箱向工人宿舍照明供电，且没有 PE 线； ④ 工地桩机的电缆拖地严重，有的随意放置在水中。 对于以上存在的施工安全问题，请你们于 2012 年 5 月 19 日 17 时前完成整改和回复，并向我单位提出整改完成的复查申请。 抄送：×××地产公司 项目监理机构：（章） 总/专业监理工程师：（签名） 签发日期： 签 收 人：（签名） 签收日期：

（2）如果施工单位对监理签发的安全隐患整改指令落实不力，监理机构可根据合同条款签发附带经济处罚的安全隐患整改指令（见表 3-3）。

表 3-3　安全隐患整改监理通知单

工程名称：×××　　　　编号：××××

××致：×××公司项目经理部（承包单位）

2008 年 2 月 21 日上午，建设单位、监理、总包进行了每周联合大检查，施工单位对我部于 2 月 18 日发出的《安全隐患整改通知单》018 号安全隐患没有全面落实整改，工地仍然存在重大安全隐患：

① 外架搭设高度低于作业面，作业层没有按照规定设置踢脚板和防护栏杆；

② 作业区人行通道没有设置防护棚；

③ 所有施工楼梯均未按照规定搭设。

工地存在高处作业人员发生坠落和坠物伤人的重大安全隐患，现要求你部在上述重大安全隐患未整改到位前停止相关区域的施工作业，且整改完毕后报我部复查。我部依照合同文件中的《施工现场管理规定》第十九、二十七、三十条，现对你部扣除违约金人民币 3.60 万元。如果继续整改不力，我部将书面建议建设单位按照合同对相关管理人员进行撤换，并停工处理或上报安全监督站处理。

附件：违约金扣单

抄送：×××地产公司

项目监理机构：（章）

总监：（签名）

签发日期：

签 收 人：（签名）

签收日期：

（3）施工单位对监理签发的安全隐患整改指令落实不力，监理机构也可签发附带撤换相关施工安全管理人员的安全隐患整改指令（见表 3-4）。

表 3-4　安全隐患整改监理通知单

工程名称：×××　　　　编号：××××

致：×××公司项目经理部（承包单位）

鉴于你部对我监理部多次签发的《安全隐患整改通知单》指出的安全隐患整改要求无动于衷，也不予回复，工地安全管理混乱，施工单位安全管理主任不能有效履行安全管理岗位职责，根据施工安全管理规定及安全管理岗位责任制度，现提请甲方同意并通知施工单位对本项目安全主任陈××予以撤换。

抄送：×××地产公司（甲方）

抄送：×××施工单位

项目监理机构：（章）

总/专业监理工程师：（签名）

签发日期：

签 收 人：（签名）

签收日期：

（4）监理机构督促施工单位按照安全隐患整改通知落实整改并书面回复（见表 3-5），监理机构应如期复查整改情况。如果施工单位不予回复，监理机构可自行按照本表给予复查，并将复查情况如实记录，并拟定下一步处理措施，直至落实关闭。

表 3-5　安全隐患整改通知回复

工程名称：×××　　　　编号：××××

致：×××项目监理机构

我方接到编号为××××的安全隐患整改通知后，已按要求完成了工作，现报上，请予以复查。

附件：（文字资料及照片）

总承包单位：（章）

项目负责人：（签名）

日期：

（续表）

<table>
<tr><td>专业监理工程师复查意见：

专业监理工程师：（签名）
日期：</td></tr>
<tr><td>总监意见：

项目监理机构：（章）
总监：（签名）
日期：</td></tr>
</table>

（5）对于随时可能造成人员伤亡的重大安全隐患监理机构应及时签发工程暂时停止施工通知（见表 3-6）。

表 3-6　工程暂停令

工程名称：×××　　　　编号：××××

<table>
<tr><td>致：×××公司项目经理部
经检检查发现，施工现场存在下列安全隐患：
鉴于施工单位对监理部及建设单位项目部多次提出的安全隐患整改事项不能有效整改落实，现场施工安全管理混乱。主要存在外架搭设不及时、不规范；塔吊吊物坠落；人员安全通道防护缺失；高处作业及临边防护安全措施不足、模板不按方案搭设等重大安全隐患（详见《安全隐患整改通知单》）。工地随时有可能发生群死群伤重大安全事故。为此，依据安全管理相关规定和施工协议书中《施工现场管理规定》第三十六条规定，并提请建设单位同意。
现通知承包单位必须于 2008 年 4 月 28 日 7：00 起到 4 月 30 日 22：00，对工程的裙楼工程及塔楼主体安全文明施工整改内容除外的全部部位（工序）实施暂停工施工，并按下述要求做好各项整政工作：
请与 4 月 30 日 22：00 前完成上述问题的全面整改，并通知我监理部对整改验收合格后，方可申请复工。此次停工所造成的工期延误及相关责任由施工单位承担。建设单位或承包单位如有异议请在接到本停工令 24h 内书面通知我监理部。
报送：×××房产开发公司

项目监理机构：（章）
总监：（签名）
签发日期：</td></tr>
</table>

（6）监理机构在施工单位停工整改完成达标后，督促其及时提出复工申请（见表 3-7）。

表 3-7　复工申请

工程名称：×××　　　　编号：××××

<table>
<tr><td>致：×××项目监理机构
根据__年__月__日贵单位发出的“暂时停止施工通知”（编号：×××）要求，工程现已整改完毕，具备复工条件，特此申请复工，请核查并签发复工审查意见。
附件：（文字资料及照片）

总承包单位：（章）
项目负责人：（签名）
日期：</td></tr>
<tr><td>专业监理工程师审查意见：
经复查，施工单位已按照我部签发的《暂时停止施工通知》（编号：×××）整改完成，并具备了复工条件。

专业监理工程师：（签名）
日期：</td></tr>
<tr><td>总监审核意见：
同意复工。

项目监理机构：（章）
总监：（签名）
日期：</td></tr>
</table>

（7）施工单位对监理机构签发的安全隐患整改指令或停工整改指令拒不整改，监理机构应起草《安全隐患重大情况报告》（见表 3-8），经公司审批并盖法人公章后报安全监督站处理。

表 3-8　安全生产管理的监理重大情况报告

工程名称：×××　　　　　　　　　　　　　　　　　　　　　　　　　　　　编号：××××

致：×××安全监督站：

由×××公司承包施工的×××工程，存在下列严重安全事故隐患：

① 施工单位安全自查自纠制度没有发挥作用，对安监站和我监理部安全整改指令未有效的落实。工地安全管理混乱是目前最大的安全隐患之一。

② 施工升降机、高支模、外架等专项方案未审批擅自施工，且未验收投入使用。

③ 外脚手架悬挑工字钢没有按照专项方案施工。

④ 外架搭设严重滞后作业层；外架作业层常有电箱、扣件、钢管等大量堆放。

⑤ 现场至今没有一条完善的安全通道，施工楼梯搭设也不规范，施工人员出、入工地和上、下楼层的安全防护问题一直没有得到解决。

⑥ 大部分用电设备没有专用开关箱，且 PE 线没连接到设备。

⑦ 工地使用的安全网未经我部见证取样送检及办理准用手续。

⑧ 塔吊作业中长短料混吊，捆绑点不均衡，钢管带扣件起吊，指挥人员不足，司索工无证上岗等违章违规情况普遍，也发生过多次坠物事件。

我单位已于 2010 年 10 月 11 日发出（）《安全隐患整改通知》/（√）《暂时通知施工通知》编号：×××，但施工单位拒不整改（）/（√）停工。

特此报告。

监理单位：（公章）

日期：________

签收日期：________　签收人：（签名）

3.4　安全生产管理的监理报告制度

1. 安全生产管理的监理报告制度

（1）监理报告必要性

从事建设工程施工阶段监理活动的项目监理机构，应当定期将项目的工程质量安全状况向该项目的质量、安全监督机构提交书面监理报告（7.3）。监理报告应由总监审核、签字并加盖监理执业章和单位公章。当施工现场出现质量安全事故或有违规行为又不能有效制止时，项目监理机构应立即报告。

（2）定期报告制度

建设工程开工后，项目监理机构应每个月向质量、安全监督机构分别提交一次监理报告，每月上旬提交上月的监理报告。

（3）突发事件立即报告制度

当施工现场发生下列突发问题时，项目监理机构应立即采用《监理快报》的形式向该项目的质量、安全监督机构报告。

2. 安全生产管理的监理报告的内容

（1）施工质量监理报告的内容

① 施工进度及材料、设备、试件的抽检数量和检验情况；

② 建设各方主体的质量行为情况；

③ 施工现场上月质量状况；

④ 项目监理机构发出的有关质量缺陷或质量隐患的《监理通知单》《工程暂停令》等的整改情况，质监机构发出的质量文书的整改情况或停工令的执行情况；

⑤ 每项工程的第一次监理报告，须报告建设各方现场质量管理机构组成名单及其联系电话；建设、施工、监理机构主要质量管理人员有变动时，须报告变动情况。

（2）施工安全生产监理报告的内容

① 施工进度情况。

② 建设单位发包的专业工程施工许可证办理情况及总包单位分包的专业工程分包合同备案情况；总包及专业分包公司申领安全生产许可证情况及三类人员（企业负责人、项目负责人和专职安全生产管理人员）申领安全生产考核合格证情况。

③ 建设单位支付及施工单位使用专项安全措施费的情况；专项安全施工方案的制订、评审和实施情况。

④ 施工现场上月安全与文明施工状况。

⑤ 施工现场建筑垃圾的收集、倾倒、堆放和装运是否符合《城市建筑垃圾管理规定》（建设部令第 139 号）的要求。

⑥ 项目监理机构发出的有关施工安全隐患的《监理通知单》《工程暂停令》等的整改情况；安监机构发出的安全文书的整改情况或停工令的执行情况。

⑦ 每项工程的第一次监理报告，须报告建设各方现场安全管理机构组成名单及其联系电话；建设、施工、监理机构主要安全管理人员有变动时，须报告变动情况；当有新进场的专业承包公司或分包公司时，须报告现场管理机构名单及联系电话。

（3）下列情况发生应按照突发事件立即报告

① 建设、施工单位违反规定使用不合格的建筑材料、建筑设备、构配件和使用不符合规定的施工设备、安全防护设施，又不能有效制止的；

② 施工单位使用未经审查批准的或不按经审查批准的施工设计文件或专项安全方案施工，或有其他违法、违章行为，又不能有效制止的；

③ 发现施工单位有违反相关法律、法规或者强制性技术标准规定，又不能有效制止的；

④ 现场监理无法处理的其他工程质量和施工安全隐患问题；

⑤ 施工现场发生质量、安全事故。

3. 工程质量安全生产管理的监理工作报告的格式

工程质量监理报告见表 3-9，施工安全生产管理监理报告见表 3-10，监理快报见表 3-11。

表 3-9　工程质量监理报告

项目名称		监理单位	
建设单位		施工单位	
施工进度	填写要求：对上月的形象进度作出说明		
建设各方责任主体质量行为	填写要求：对建设各方的质量管理制度的完善及人员到位情况作说明。对建设各方是否存在与质量有关的不良行为作说明		
施工现场上月质量状况	填写要求：对上月工程质量情况作出总体评述（包括做得较好的方面及存在的问题）		

（续表）

质量缺陷或质量隐患的处理情况	填写要求：对现场存在的质量缺陷或质量隐患是否提出整改意见，并督促施工单位落实整改措施作说明（附《监理工程师通知单》《工程暂停令》等）。对质监机构发出的质量文书的整改情况进行评价
检验及抽检情况	填写要求：对材料、设备、试件的检验情况进行评述；对检验检测不合格的必须提供详细处理意见；对桩基及主体结构工程的质量检测情况进行评述
现场管理机构人员变更情况	填写要求：第一次监理报告应填写建设各方现场质量管理人员的名单及联系电话，以后若有变动应及时填写，无变动则不填
其他应说明的情况	
项目总监（签名并加盖执业章）	年　月　日

监理单位（公章）：

表 3-10　施工安全生产管理的监理报告

项目名称		监理单位	
建设单位		施工单位	
施工进度	填写要求：对上月的形象进度作出说明		
建设程序的完成情况	填写要求：对建设单位发包的专业工程施工许可证的办理情况及总包单位分包的专业工程分包合同备案情况作说明。对总包及专业分包公司是否取得安全生产许可证及三类人员是否取得安全生产考核合格证作说明		
建设各方责任主体安全行为	填写要求：对建设各方的安全管理制度的落实及人员到位情况作说明；对专项安全措施费的支付和使用情况作说明。对总承包及专业分包公司安全责任的划分情况作说明；对专项施工方案的制定、评审和实施情况作说明		
施工现场上月安全与文明施工状况	填写要求：对上月工程安全与文明施工状况作出总体评述（包括做得较好的方面及存在的问题）；施工现场建筑垃圾的处置是否符合相关规定		
整改处理情况	填写要求：对现场存在的安全隐患是否提出整改意见并督促施工单位落实整改措施作说明（附《监理丁程师通知单》《工程暂停令》等）。对安监机构发出的安全文书的整改情况进行评价		
现场管理机构人员变更情况	填写要求：第一次监理报告应填写建设各方现场安全管理人员的名单及联系电话。以后若有变动应及时填写，无变动则不填。当有新的分包队伍或专业承包队伍进场施工时，要填写相应的安全管理人员名单及联系电话		
其他应说明的情况	填写要求：对施工单位现场安全教育落实情况作说明		
项目总监（签名并加盖执业章）			年　月　日

监理单位（公章）：

表 3-11　监理快报

项目名称		监理单位	
建设单位		施工单位	
报告事项详述			
监理机构或其他相关单位已经采取的措施（附相关函件或统一用表）			
提出处理建议			
其他应说明的情况			
项目总监（签名并加盖执业章）			年　月　日

监理单位（公章）：

3.5　生产安全事故调查及处理

1. 生产安全事故等级划分

根据国务院493号令自2007年6月1日起施行的《生产安全事故报告和调查处理条例》和《房屋市政工程生产安全事故报告和查处工作规程》（建质〔2013〕4号）规定，生产安全事故划分为四个等级：

① 特别重大事故，是指造成30人以上死亡，或者100人以上重伤，或者1亿元以上直接经济损失的事故；

② 重大事故，是指造成10人以上30人以下死亡，或者50人以上100人以下重伤，或者5 000万元以上1亿元以下直接经济损失的事故；

③ 较大事故，是指造成3人以上10人以下死亡，或者10人以上50人以下重伤，或者1 000万元以上5 000万元以下直接经济损失的事故；

④ 一般事故，是指造成3人以下死亡，或者10人以下重伤，或者100万元以上1 000万元以下直接经济损失的事故。本等级划分所称的“以上”包括本数，所称的“以下”不包括本数。

2. 生产安全事故报告时限

① 特别重大、重大、较大事故逐级上报至住房和城乡建设主管部门，一般事故逐级上报至省级住房和城乡建设主管部门。必要时，住房城乡建设主管部门可以越级上报事故情况。

② 住房和城乡建设主管部门应当在特别重大和重大事故发生后4h内，向国务院上报事故情况。

③ 省级住房和城乡建设主管部门应当在特别重大、重大事故或者可能演化为特别重大、重大的事故发生后3h内，向住房城乡建设主管部门上报事故情况。

④ 较大事故、一般事故发生后，住房和城乡建设主管部门每级上报事故情况的时间不得超过2h。

省级住房和城乡建设主管部门应当通过传真向住房和城乡建设主管部门书面上报特别重大、重大、较大事故情况。特殊情形下确实不能按时书面上报的，可先电话报告，了解核实情况后及时书面上报。住房和城乡建设主管部门对特别重大、重大、较大事故进行全国通报。事故报告后出现新情况，以及事故发生之日起30日内伤亡人数发生变化的，住房和城乡建设主管部门应当及时补报。

3. 生产安全事故报告内容

① 事故的发生时间、地点和工程项目名称；

② 事故已经造成或者可能造成的伤亡人数（包括下落不明人数）；

③ 事故工程项目的建设单位及项目负责人、施工单位及其法定代表人和项目经理、监理单位及其法定代表人和项目总监；

④ 事故的简要经过和初步原因；

⑤ 其他应当报告的情况。

4. 生产安全事故调查及处理

（1）住房和城乡建设主管部门应当积极参加事故调查工作，应当选派具有事故调查所需要的知识和专长，并与所调查的事故没有直接利害关系的人员参加事故调查工作。参加事故调查工作的人员应当诚信公正、恪尽职守，遵守事故调查组的纪律。

（2）住房和城乡建设主管部门应当按照有关人民政府对事故调查报告的批复，依照法律法规，对事故责任企业实施吊销资质证书或者降低资质等级，吊销或者暂扣安全生产许可证，责令停业整顿、罚款等处罚；对事故责任人员实施吊销执业资格注册证书或者责令停止执业，吊销或者暂扣安全生产考核合格证书、罚款等处罚。

（3）对事故责任企业或者人员的处罚权限在上级住房和城乡建设主管部门的，当地住房和城乡建设主管部门应当在收到有关人民政府对事故调查报告的批复后 15 日内，逐级将事故调查报告（附具有关证据材料）、有关人民政府批复文件、本部门处罚建议等材料报送至有处罚权限的住房城乡建设主管部门。

接收到材料的住房和城乡建设主管部门应当按照有关人民政府对事故调查报告的批复，依照法律法规，对事故责任企业或者人员实施处罚，并向报送材料的住房城乡建设主管部门反馈处罚情况。

（4）对事故责任企业或者人员的处罚权限在其他省级住房和城乡建设主管部门的，事故发生地省级住房城乡建设主管部门应当将事故调查报告（附具有关证据材料）、有关人民政府批复文件、本部门处罚建议等材料转送至有处罚权限的其他省级住房城乡建设主管部门，同时抄报住房和城乡建设主管部门。

接收到材料的其他省级住房和城乡建设主管部门应当按照有关人民政府对事故调查报告的批复，依照法律法规，对事故责任企业或者人员实施处罚，并向转送材料的事故发生地省级住房城乡建设主管部门反馈处罚情况，同时抄报国务院住房城乡建设主管部门。

（5）住房城乡建设主管部门应当按照规定，对下级住房城乡建设主管部门的房屋市政工程生产安全事故查处工作进行督办。

国务院住房城乡建设主管部门对重大、较大事故查处工作进行督办，省级住房城乡建设主管部门对一般事故查处工作进行督办；住房城乡建设主管部门应当对发生事故的企业和工程项目吸取事故教训、落实防范和整改措施的情况进行监督检查，并及时向社会公布事故责任企业和人员的处罚情况，接受社会监督。

对于经调查认定为非生产安全事故的，住房城乡建设主管部门应当在事故性质认定后 10 日内，向上级住房城乡建设主管部门报送有关材料；省级住房城乡建设主管部门应当按照规定，通过“全国房屋市政工程生产安全事故信息报送及统计分析系统”及时、全面、准确地报送事故简要信息、事故调查信息和事故处罚信息；住房城乡建设主管部门应当定期总结分析事故报告和查处工作，并将有关情况报送上级住房城乡建设主管部门；国务院住房城乡建设主管部门定期对事故报告和查处工作进行通报。

5. 生产安全事故应急救援

（1）施工单位应当根据建设工程施工的特点、范围，对施工现场易发生重大事故的部位、环节进行监控，制定施工现场应急救援预案，并报项目监理机构审查审批。实行施工总承包的，由总承包单位统一组织编制建设工程生产安全事故应急救援预案，工程总承包单位和分包单位按照应急救援预案，各自建立应急救援组织或者配备应急救援人员，配备救援器材、设备，并定期组织演练。

（2）项目监理机构应定期检查施工单位应急救援组织及应急救援人员配置及到岗情况和检查施工单位应急救援器材、设备和物资的配置及存放情况。

（3）督促施工单位定期组织安全事故演练。

（4）施工单位发生生产安全事故，应当按照国家有关伤亡事故报告和调查处理的规定，及时、如实地向负责安全生产监督管理的部门、建设行政主管部门或者其他有关部门报告；特种设备发生事故的，还应当同时向特种设备安全监督管理部门报告。接到报告的部门应当与按照阁家有关规定，如实上报。

（5）实行施工总承包的建设工程，由总承包单位负责上报事故。

（6）发生生产安全事故后，施工单位应当采取措施防止事故扩大，保护事故现场。需要移动现场物品时，应当做出标记和书面记录，妥善保管有关证物。

（7）事故发生后，事故现场有关人员应当立即向本单位负责人报告；单位负责人接到报告后，应当于 lh 内向事故发生地县级以上人民政府安全生产监督管理部门和负有安全生产监督管理职责的有关部门报告。情况紧急时，事故现场有关人员可以直接向事故发生地县级以上人民政府安全生产监督管理部门和负有安全生产监督管理职责的有关部门报告。

（8）安全生产监督管理部门和负有安全生产监督管理职责的有关部门接到事故报告后，应当依照下列规定上报事故情况，并通知公安机关、劳动保障行政部门、工会和人民检察院；特别重大事故、重大事故逐级上报至国务院安全生产监督管理部门和负有安全生产监督管理职责的有关部门；较大事故逐级上报至省、自治区、直辖市人民政府安全生产监督管理部门和负有安全生产监督管理职责的有关部门；一般事故上报至设区的市级人民政府安全生产监督管理部门和负有安全生产监督管理职责的有关部门。

（9）安全生产监督管理部门和负有安全生产监督管理职责的有关部门逐级上报事故情况，每级上报的时间不得超过 2h。

（10）事故发生单位负责人接到事故报告后，应当立即启动事故相应应急预案，或者采取有效措施，组织抢救，防止事故扩大，减少人员伤亡和财产损失。

（11）事故发生地有关地方人民政府、安全生产监督管理部门和负有安全生产监督管理职责的有关部门接到事故报告后，其负责人应当立即赶赴事故现场，组织事故救援。

（12）事故发生后，有关单位和人员应当妥善保护事故现场以及相关证据，任何单位和个人不得破坏事故现场、毁灭相关证据。因抢救人员、防止事故扩大以及疏通交通等原因，需要移动事故现场物件的，应当做出标志，绘制现场简图并做出书面记录，妥善保存现场重要痕迹、物证。

（13）事故发生地公安机关根据事故的情况，对涉嫌犯罪的，应当依法立案侦查，采取强制措施和侦查措施。犯罪嫌疑人逃匿的，公安机关应当迅速追捕归案。

（14）特别重大事故由国务院或者国务院授权有关部门组织事故调查组进行调查。重大事故、较大事故、一般事故分别由事故发生地省级人民政府、设区的市级人民政府、县级人民政府负责调查。省级人民政府、设区的市级人民政府、县级人民政府可以直接组织事故调查组进行调查，也可以授权或者委托有关部门组织事故调查组进行调查。未造成人员伤亡的一般事故，县级人民政府也可以委托事故发生单位组织事故调查组进行调查。

（15）为发生事故的单位提供虚假证明的中介机构，由有关部门依法暂扣或者吊销其有关证照及其相关人员的执业资格；构成犯罪的，依法追究刑事责任。

（16）事故发生后隐瞒不报、谎报、故意拖延报告期限的，故意破坏现场的，阻碍调查工作正常进行的，无正当理由拒绝调查组查询或者拒绝提供与事故有关情况、资料的，以及提供伪证的，由其所在单位或上级主管部门按有关规定给予行政处分；构成犯罪的，由司法机关依法追究刑事责任。

3.6 生产安全事故典型实例分析

1.【实例一】

（1）事故概况

2010 年 11 月 15 日，上海某 28 层高的公寓外墙修缮工程，因外架搭设使用电焊焊渣引燃下方 9 层脚手架平台上堆积的聚氨酯保温材料，引发火灾，造成 58 人死亡，71 人受伤，相关 26 人被判有期徒刑 16 年至免予刑事处罚。

（2）监理的法律责任及处罚

① 人员不到位：2010 年 9 月 26 日监理进场，应配 8 人实到 2 人。

② 在建设单位施压下，未报建及未办理施工许可开工，总监只是一再提出施工方案报批问题，而未提出停工。

③ 10 月中旬，为赶工期，在建设单位施压下，执行经理在没有制定新的施工方案的情况下（原方案报到监理未批复），提出搭设脚手架和喷涂外墙保温材料实行交叉施工，现场总监对此严重违规做法均未制止（给予默许）。

④ 施工期间，存在未经审批动火、电焊作业工人无有效特种作业证、电焊作业时未配备灭火器及接火盆等严重安全事故隐患，监理方未认真履行监理职责。

⑤ 火灾发生前 5 天，脚手架专项施工方案总监签批。这时，脚手架已搭到了 16 层，火灾发生当晚，总监把脚手架方案签批日期由原 11 月 5 日，改为 10 月 20 日。

⑥ 法院认为张总监未全面履行总监职责，未及时、有效排除重大安全事故隐患，以重大责任事故罪，判处有期徒刑 5 年（弄虚作假，情节严重），监理员判处有期徒刑 2 年。

（3）监理应汲取的教训

① 我国实行总监负责制，总监应按照投标时的承诺和监理合同，以及项目监理实际情况，以正式的书面报告要求公司配置符合要求的监理人员，确保人员按要求到位。

② 甲方未办理施工许可手续属于违法违规开工，总监应签发停工令，并抄送建设单位。

③ 脚手架属施工安全措施工程，在投入使用前，项目监理机构必须督促施工单位组织验收，验收合格方可投入使用。

④ 对于建设单位要求施工单位违规赶工的行为，总监应表明不同意的意见，并形成书面记录。

⑤ 监理员或专监对分管的专业区域的施工安全做好日常巡查或旁站监督，对发现的违规违章作业或不按方案组织施工等情况要予以制止，对发现的安全隐患要及时向总监报告处理，并写进安全生产管理的监理日记。另外，一些小的安全隐患也可引发大的安全事故，因此，项目监理机构最好做到安全隐患整改指令对工地存在的安全隐患全面覆盖，不要心存侥幸。

⑥ 隐瞒事故本身就是违法行为。事故发生后，监理人员不要试图通过修改或补充监理资料来规避或减轻法律的处罚。在日常监理过程中，监理人员应按照相关规定及岗位职责，把工作做到位（问题要看到，看到要说到，说到要写到，写到要跟到）。

2.【实例二】

（1）事故概况

2009 年 6 月 27 日，上海某商住楼北侧在短时间内堆土过高约 10m，南侧的地下车库基坑正在开挖深达 4.6m，大楼两侧压力差使土体水平位移，过大的水平力超过了桩基的抗侧能力，导致在建 13 层 7 号楼整体倾倒，1 人死亡，经济损失 1 900 多万元。建设、施工、监理共 6 人构成重大责任事故罪，分别判处有期徒刑 3～5 年。

（2）监理的法律责任及处罚

① 项目总监对建设方违规发包土方工程疏于审查；

② 对项目经理名实不符的违规情况审查不严；

③ 对违规开挖、堆土提出异议未果后，未能有效制止；

④ 项目总监负有未尽监理职责的责任，判有期徒刑 3 年。

（3）监理应汲取的教训

① 监理应督促施工单位申报分包单位资质报审表及资料，并审查，具有资质和符合工程分包条件的予以审批。

② 监理应对施工单位管理人员资格及到岗等情况进行专项检查，并形成记录。监理对施工单位项目经理及主要管理人员名实不符的情况应签发安全隐患整改通知，并抄报建设单位，在安全生产管理的监理周报中如实上报。

③ 监理及时发现工地存在的安全隐患并不难，但在处理隐患中，更多地顾及了各方的关系问题，对隐患的严重性及风险估计不足、心存侥幸，因而，往往没有按照规定程序进行处理。事故一旦发生就付出沉痛的代价。

3.【实例三】

在 2009 年的 6 月 29 日，黑龙江省伊春铁力市的西大桥发生了坍塌事故，先后 7 台车坠入河中造成了 1 人抢救无效死亡、5 人受重伤、12 人受伤的严重后果。一时间，“桥脆脆”一词成为了讽刺流行语。经过长时间的调查和研究，最终得出结论，负责监理的监理公司曾因建设工程监理企业的综合信用评价低而被亮红牌，以及大桥的设计上也存在严重的缺陷——横截面缺少支撑点以及连接处铆固也不够。

案例分析

根据调查和研究分析，造成该类事故频发的主要原因有：管理技术和管理制度的不健全是这些安全事故发生的主要原因——不安全的“安全”措施，不按程序办事的违章指挥等；没有执行国家的法律法规就提交的不符合现场实际的设计方案也为以后的工程质量埋下了极大的隐患。

子任务二　质量控制

通过本任务的学习，掌握施工过程中质量控制的主要程序，了解见证取样的过程和标准，明确质量控制的监理手段，清楚旁站监理的地点、时间，学会整理旁站记录质量控制资料，填写监理日记。

1. 质量控制程序。
2. 材料、设备、构配件质量检验标准。
3. 质量控制措施。
4. 隐蔽工程、分部、分项、检验工程质量验收标准。
5. 工程缺陷与质量事故处理程序。

PPT

习题

自测题

3.7　工程质量控制程序

建筑物作为一件耗资巨大、技术含量高的产品，它的质量关系着国计民生。工程监理将对建筑物的生命成长周期进行全方位的监督、检查和验收，确保产品质量，工程质量控制的主要程序如图 3-1 所示。项目监理机构在开工前和工程监理过程中，对施工单位的施工质量管理体系和施工技术管理体系进行审查，由专业监理工程师提出审查意见，经总监签发，并予以督促落实。

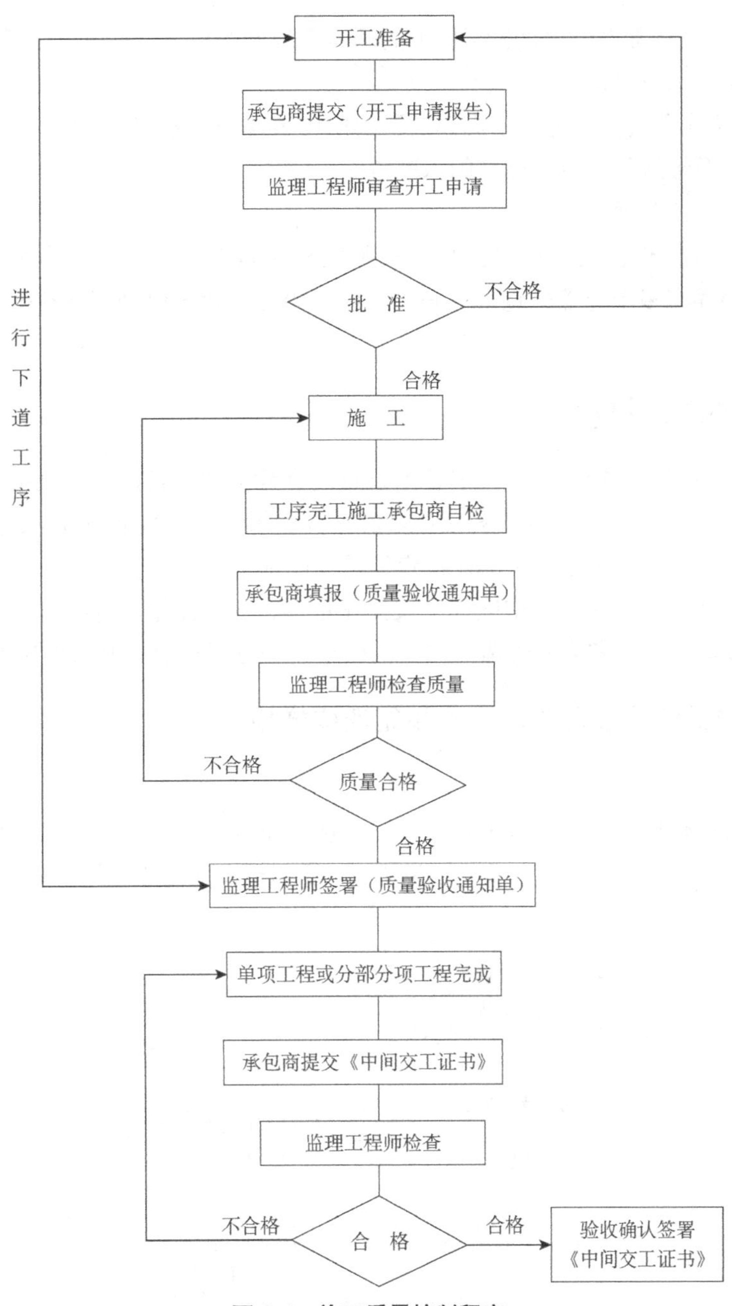

图 3-1 施工质量控制程序

3.8 施工前质量控制的主要内容

1. 场地移交及布置

（1）场地移交的要求

① 建设单位应该完成平整场地，最后的施测成果应经建设、承包单位及监理人员的共同确认，作为后期计算场地平方挖运工程量的依据。

② 建设单位应负责提供项目施工用水的场内市政接驳口，用水量由工程施工、施工人员生活及临时消防用水量等决定。

③ 建设单位应负责向当地城市规划勘测部门申请现场测量控制放线，按项目规划设计批准在现场取得平面轴线导线点和标高的水准点。

（2）场地布置的监理

项目监理机构检查施工总包单位是否按照批准的施工组织设计中总平面图布置施工场地。当工程现场存在多个施工分包单位施工，监理单位应该及时处理各单位之间关于场地的矛盾。

2. 计量设备的检查及检定

施工单位应该按有关规定对常用的计量设备进行检测和检查，确保设备的精确性。根据《中华人民共和国计量法实施细则》和《计量器具检定周期确定原则和方法》的有关规定，计量器具应该定期检查。对于强检工具，检定周期一般都不会超过一年，严格为半年。

直尺、游标深度尺、天平、密度计、液体流量计、气体流量计等必须定期进行检定。对于显示不正常或者误操作和完整性遭到破坏的仪器，必须进行合格与否的判断。

3. 原材料、构配件及设备进场验收和见证取样检查

（1）材料进场验收控制

施工单位对说使用的主要建筑材料在进场前应填报《工程材料/构配件/设备报审表》。凡进场材料，均应有产品合格证、产品使用说明书、数量清单等资料。检查验收的程序如图 3-2 所示。

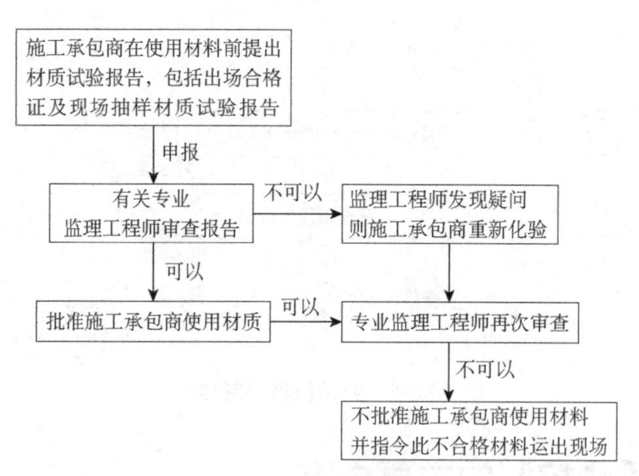

图 3-2 重要材质检验程序

（2）见证取样

见证取样的项目、数量和频率首先符合《房屋建筑工程和市政基础设施工程实现见证取样和送检的规定》《建设工程质量检测管理办法》等规范的有关规定，其次施工现场的见证取样还应遵守《建筑工程检测试验技术管理规范》的规定。

建设部在文件《房屋建筑工程和市政基础设施工程实现见证取样和送检的规定》中规定

以下内容。

① 设计结构安全的试块、试件和材料见证取样和送检比例不得低于有关定的应取数量的30%；

② 下列试块实践和材料必须实施见证取样和送检：

- 用于承重结构的混凝土试块；
- 用于承重腔体的砌筑砂浆试块；
- 用于承重结构的钢筋及连接结构实践；
- 用于承重前搞的砖与混凝土小型砌块；
- 用于板滞混凝土和砌筑砂浆的水泥；
- 用于承重结构的混凝土使用的外加剂；
- 地下屋面厕浴间的防水材料间以及国家规定必须实行见证取样和送检的其他试块、试件和材料。

见证过程中，不仅要做好见证记录，建设单位填写好《见证检验见证人授权委托书》，当见证人员发生变化时，监理单位应及时通知相关单位。

3.9　常见的主体工程施工过程监理

1. 常见桩基工程施工监理

常见的工程基础桩有很多种分类，按承载性能分为摩擦桩和端承桩；按成桩方法和工艺分类分为挤土桩、部分挤土桩和非挤土桩；也可桩身材料分为钢筋混凝土桩、钢桩和组合材料桩。

（1）混凝土灌注桩施工质量控制

首先桩基中水泥、砂、石子、混凝土和钢筋等材料要符合规范要求，例如水泥的编号、石子的粒径以及混凝土的坍落度等。

总监理工程师进行验收时，具体内容有二次清孔验收工作、钢筋笼制作质量控制和混凝土灌注施工检测等。第一次清孔是否彻底直接关系成桩的质量，对泥浆密度、含砂率、黏度的都有具体要求。安装钢筋笼时，在笼上每4～6m应对称设置四只高5cm的钢筋定位环或混凝土垫块，以保证钢筋笼居中和混凝土保护层厚度适宜。

（2）人工挖孔桩施工质量控制

① 放线定位：在场地三通一平的基础上，依据建筑物测量控制网的资料和机上平面布置图，测定桩位轴线方格控制网和高程基准点，撒石灰线作为桩孔开挖的施工尺寸线。

② 开挖第一节桩孔：从上往下逐层开挖，横向时，从中间向四周扩展，有效控制桩孔截面尺寸。一般控制开挖高度为1m，及时做好桩孔的支护工作。

③ 支模板：成控后，采用现浇混凝土井圈护臂，第一节护壁高出地坪150～200mm，壁厚一般100～150mm。

应在每挖一节护壁后立即浇灌混凝土，人工插捣密实，不宜用振动棒。

④ 检查桩位中心轴线：每节护壁做好后，必须将桩位十字轴线和标高测设在护壁口，然

后用十字线找中，吊铅垂向井底投设，以半径尺杆检查孔壁的垂直度和平整度。井深必须以基准点为依据逐根进行引测，保证桩孔轴线位置、标高、截面尺寸满足设计要求。

⑤ 调防钢筋笼：首先要控制好钢筋笼的标高及保护层的厚度，可分段吊装。利用超声波等费皮损检测仪器，准备预测桩身混凝土质量用的试管，在安放钢筋笼时预埋。

⑥ 浇筑桩身混凝土：钢筋笼安放完毕并经验筋合格后，方可浇筑桩身混凝土。浇筑桩身所用的混凝土，应使用设计强度等级的预拌混凝土，浇筑前应检查其坍落度，并每桩留置一组混凝土试块。浇筑时用溜槽加串桶向井内送料；如用泵送混凝土时可直接将混凝土泵出料口移入孔内投料。

（3）预应力管桩施工质量控制

① 施工准备：平整场地，清楚障碍物，并修好道路，做好排水措施。在正式施工前，还应进行不少于 2 根的试桩，检查一系列设备。

② 桩施工行走路线：打桩路线应根据地基土质情况桩基平面布置、桩的尺寸、密集程度以实际情况等因素确定。

③ 吊桩定位：打桩前，按设计要求进行桩定位放线，确定桩位，并设置油漆标志。

④ 预应力桩施工质量控制重点：对施工单位的开工申请和施工准备进行审核和检查，复核施工单位的放线手册，检查坐标计算的正确性，及时处理现场突发的紧急事件。

2. 基坑工程施工监理

基坑工程是指建筑物或构筑物地下部分施工时，需开挖基坑，进行施工降水和基坑周围的围挡。基坑工程所采用的支护结构形式多样，通常可分为桩（墙）式支护体系和重力式支护体系两大类，不同的分类方法得到不同的基坑种类。对于支护结构，要选用合适的体系，检测支护工程的施工质量。

3. 钢筋工程施工监理

钢筋混凝土结构工程的材料是有混凝土和钢筋两种材料组成，两种材料靠着粘结力协同工作，钢筋工程的质量对钢筋混凝土的质量起着重要的作用。

住建部颁布的《关于加快应用高强钢筋的指导意见》，对推动钢铁工业和建筑业结构调整和转型升级有重大意义。对钢筋原材料和加工质量进行控制，其中，钢筋焊接连接施工、钢筋机械连接施工、施工现场接头的检验与验收、结构构件钢筋安装质量控制应符合相关规程规范的要求。

4. 混凝土工程施工监理

混凝土是由胶凝材料、水、骨料，必要时加入一定数量的外加剂和矿物掺合料，按适当比例配合，经搅拌、密实成型而成的人造石材。混凝土工程师主体结构工程汇总即为重要的分项（子分部）工程，混凝土工程施工质量监理是为了保证其强度及各种性能达到设计要求。为此，对材料的选用、水泥的龄期及标号，混凝土的搅拌、振捣、养护等进行严格的质量控制。

5. 桥台、桥墩施工质量监理

钢筋混凝土承台（系梁）、墩台、墩柱、盖梁（桥台）质量控制监理工作要点：桥台、桥墩、承台等桥梁下部工程，一般是钢筋混凝土结构，具有相同的施工工艺流程和监理工作流程。

① 由于桥台、桥墩、承台都是起传递荷载作用的构造物，因此其强度必须达到设计要求。

② 桥台、桥墩、盖梁都是地面工程，不允许表面做任何装饰，要特别注意混凝土的表面质量，控制标准通常应高出规范的一般要求。

③ 施工缝的处理参见钢筋混凝土工程质量控制。

④ 测量定位的检查见桥梁施工测量控制。

⑤ 钢筋混凝土承台、墩柱、盖梁质量控制参照 JTJ041—2000 执行。

3.10　质量控制的监理手段

据《建设工程质量管理条例》定，监理工程师应当按照工程监理规范的要求，采取旁站、巡视和平行检验的形式，对建设工程实施监理。

1. 巡视

巡视是项目监理机构对施工现场进行的定期或不定期的检查活动，是监理工作的一种基本和常用方法和手段，以便及时发现违章操作。巡视的主要内容包括是够按照设计文件和施工规范和标准的施工方案施工。是否使用合格的材料、构配件和设备，施工现场管理人员是够到岗到位，操作工艺和条件是否满足要求，是否存在质量缺陷。一旦巡视出现了问题，监理工程师应该采用照相录像等手段予以记录，并及时通过口头或者书面文件指令予以改正。项目总监理工程师根据所监理项目的工程特点和重点及重大危险源等情况，在现场进行定期和不定期巡查，并及时填写《监理巡查记录表》存档，发现工程质量缺陷和安全隐患的看，要及时采取措施和手段，督促责任单位进行整改。

2. 旁站

《建设工程监理规范》规定，监理机构单位应根据工程特点和施工单位报送的施工组织设计，确定旁站的关键部位、关键工序，安排监理人员进行旁站，并及时记录旁站情况，并满足监理最少人数配置要求。

旁站的关键部位和关键工序主要有基础工程中的土方回填，地下连续墙防水混凝土浇筑，卷材、防水层细部构造处理，主体工程中的梁柱节点钢筋隐蔽过程，混凝土浇筑，预应力张拉，装配式结构安装等。

监理人员应该在监理的过程中做好监理记录和监理日记，保存旁站监理原始资料。旁站的主要工作有：在关键工序开工前熟悉图纸，制定方案，检查施工情况，在关键工序施工中检查材料和施工方法的正确性，检查施工机械设备的数量等，在关键工序施工后，详细填写《旁站记录》，并及时整理归档，总结经验，改进工作。

桥梁工程中，水下混凝土灌注的旁站检查应按常规检查灌注桩混凝土的拌和与运输。导管检查，其接头不允许漏水，浇筑时必须做闭水试验。导管的孔底悬高应以 25～40cm 为宜。计算首盘混凝土灌注方量。导管的埋深不应小于 1m。在灌注过程中要记录灌注的混凝土方量和混凝土顶面标高。灌注结束时混凝土顶面应高出设计标高至少 50～100cm。灌注中随时检查钢筋笼是否上浮，如有上浮应采取措施予以控制。上浮的预防措施：骨料粒径不大于管径的 1/4，砼的和易性要符合要求，严格控制在钢筋笼底部时的浇筑速度。

3. 平行检验

《建设工程监理规范》规定：监理结构应根据监理合同约定，遵循动态控制原理，坚持预防为主的原则，制定和实施相应的监理措施，采用旁站、巡视和平行检验的方式对建设工程实施监理。

“平行检验”的定义为：项目监理机构在施工单位自检的同时，按照有关规定和监理合同约定对同一检验项目进行检测试验活动。

常见平行检验项目、检验方法和检验比例见表 3-12：

表 3-12　常见平行检验项目、检验方法和检验比例

序号	分项工程	检测项目	检验方法	检验比例
1	混凝土工程	混凝土保护层	钢筋扫描仪测	
		混凝土强度	回弹仪测	
		结构板厚	非破损法、局部破损法	
		楼板板厚	穿孔量测	
		层高垂直度	吊线、刚尺测	
2	钢筋工程	钢筋条数直径	按图检查	
		钢筋间距		
		保护层厚度		
		钢筋接头质量和位置	刚尺目测	
		钢筋搭接位置和长度		
3	轴线工程	轴线	刚尺或红外线测距仪量测	
		层高		
4	防水工程	涂抹层厚度	针刺或取样	
		蓄水、淋水试验、雨后	观察	

3.11　工程验收

1. 隐蔽工程与工序交接验收

隐蔽工程验收是指将被其他分先工程所隐蔽的分项工程或分部工程，在隐蔽前所进行的检查或验收，是施工过程中实施技术性复核检验的一个内容，是防止质量隐患、保证工程项目质量的重要措施，是质量控制的一个关键过程。

（1）隐蔽工程验收的作用

隐蔽工程通常理解为：“需要覆盖或掩盖以后才能进行下一道工序施工的工程部位”或者

下一道工序施工后，将上一道工序的施工部位覆盖，无法对上一道工序的部位直接进行质量检查，上一道工序的部位即称之为隐蔽工程。

（2）常见隐蔽工程部位或工序

① 基础施工前地基检查和承载力检测；

② 基坑回填土前对基础质量的检查；

③ 混凝土浇筑前对模板、钢筋安装的检查；

④ 主体工程各部位的钢筋工程、结构焊接和防水工程等，以及容易出现质量通病的部位等。

（3）隐蔽工程验收工作程序

① 施工单位先进行自检，填写检验表，再通知监理单位验收并形成文件。

② 监理单位及时检查，填写《材料报审》《工序报验表》签字，准予进入下一道工序。一旦不合格，总监签发《不合格项目通知》，指令整改。

（4）工程预检指工程未施工前的复核性预先检查，常规的测量工程和混凝土工程等都要进行预检，监理工程师检查施工记录并检查不同参与方的交接工序的逻辑。

隐蔽工程和交接验收程序分别如图 3-3 和图 3-4 所示。

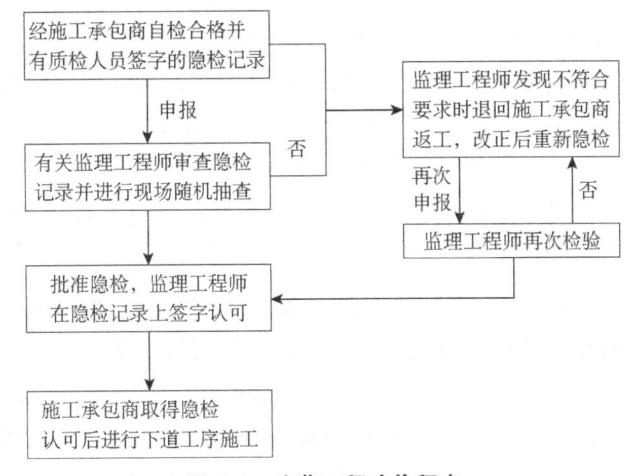

图 3-3　隐蔽工程验收程序

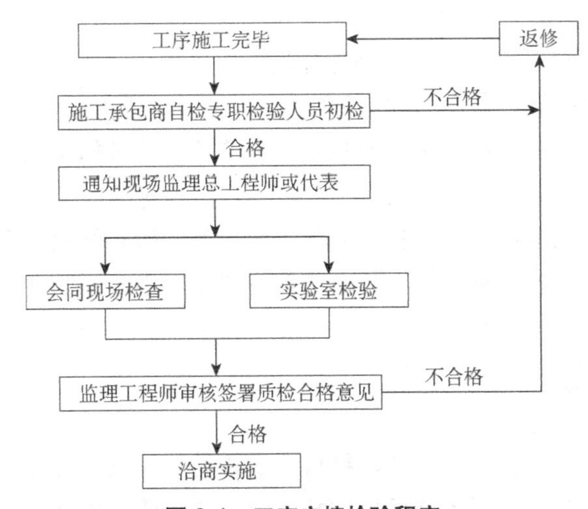

图 3-4　工序交接检验程序

2. 工程质量事故（缺陷）处理

工程质量事故，是指由于建设、勘察、设计施工监理单位违反工程质量标准，使工程产生结构安全、重要使用功能等方面的质量缺陷，造成人身伤亡或者重大经济损失的事故。

建设部《关于做好房屋建筑和市政基础设施工程质量事故报告和调查处理工作的通知》规定，根据事故造成的伤亡人数和直接经济损失把事故分为以下四个等级。

① 特别重大事故：造成30人以上死亡，1亿以上的事故。

② 重大事故：造成10人以上30人以下死亡，5 000万以上1亿以下直接经济损失的事故。

③ 较大事故：造成3人以上10人以下死亡，1 000万以上5 000万以下直接经济损失的事故。

④ 一般事故：造成3人以下死亡，1 000万以下直接经济损失的事故。

以上事故均按照事故调查和事故处理的标准程序进行处理。

3. 检验批验收

《建筑工程施工质量验收统一标准》规定了检验批质量验收方案。检验批的质量检验，选择合适的抽样方案：一次或多次抽样方案，计数抽样方案，调整型抽样方案，全数抽样方案。

本条给出了检验批质量检验评定抽样方案，可根据检验项目的特点进行选择，对于检验项目的计量、计数检验，可分为全数检验和抽样检验；对于构件截面尺寸或外观质量等的检验项目，宜选用考虑合格质量水平的生产方风险 α 和使用风险 β 的一次或二次抽样方案，也可选用经实践经验有效的抽样方案。

制定检验批的抽样方案时，对生产方风险和使用风险可按下列规定采取：①主控项目中，对应于合格质量水平的 α 和 β 均不宜超过5%；②一般项目中，对应于合格质量水平的 α 不宜超过5%，β 不宜超过10%。

（1）检验批的划分：检验批时工程验收的最小单元，是分项工程乃至整个建筑工程施工中条件相同并有一定数量的材料构配件或安装项目，由于其质量均匀一致，因此可以作为检验的基础单位，按批验收。

（2）多层和高层建筑工程中主体部分的分项工程可按楼层或施工段来划分检验批，地基基础一般划分为一个检验批，屋面分部工程中的分项工程不同楼层可划分为不同的检验批。

（3）质量控制资料反映了检验批从原材料到最终验收的各施工工序的操作依据，对其完整性的检查，实际是对过程控制的确认，是检验批合格的前提。

（4）检验批的合格质量取决于主控项目和一般项目的检验结果，主控项目是对检验批的基本质量起决定性影响的检验项目，必须全部符合要求，由专业监理工程师组织施工单位质检员进行验收，质检员填写验收记录。

4. 分部分项工程验收

分项工程应按主要工种、施工工艺、材料、设备类别等进行划分；分项工程可由若干个检验批组成，检验批可根据施工及质量控制和专业验收需要按楼层、施工段、变形缝等进行划分，分项工程划分成检验批及时进行验收有利于发现施工中出现的质量问题。

分项工程质量验收合格应符合下列规定：

① 分项工程所包含的检验批均应符合合格质量的规定；

② 分项工程所含的检验批的质量验收记录应完整。

监理工程师在分项工程验收时，验收内容包括材料和其他质量检测报告是否齐全，验收部位是否完整，涉及桩基、承台、防水层、地下室底板、顶板等质量分项工程验收时应通知工程质量监督机构派员参加。

分部工程时单位工程的组成部分，单独不能发挥效用，一般按工程部位专业等划分，通常在国家标准中明确给出了单位工程所包含的分部工程的名称和数量。

分部工程验收时，各分项工程必须已验收合格且相应的质量控制资料完整，当涉及安全和使用功能的地基基础，主体结构、建筑节能、有关安全及重要使用功能的安装分部工程应进行有关见证取样、送样试验或抽样检测，结果为“差”的检查点应通过返修处理等补救。

5. 专项工程验收

建筑工程除了进行各个分部分项工程验收外，还必须对如规划、消防、人防和环保等工程或项目进行专门验收，才能完成全部工程验收进行竣工备案，称为专项工程验收。对于专项工程验收，施工单位必须按照专项工程验收的要求内容进行自检，并由监理单位、建设单位验收合格后，向政府主管部门申请专项验收及备案。主要验收内容有规划验收、消防验收、人防工程验收、环保验收、电梯验收和档案验收。

单项工程验收程序如图 3-5 所示。

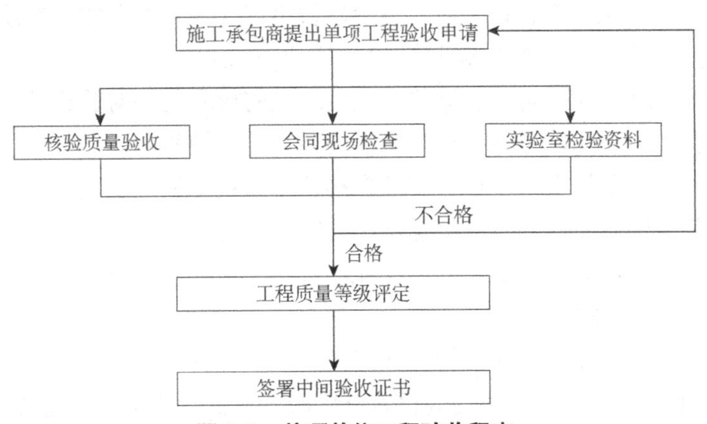

图 3-5　单项单位工程验收程序

6. 单位工程竣工验收及备案

单位工程具备独立施工条件，承包单位完成自查自评后，填写《单位工程竣工验收报审表》，还应从施工组织、质量管理、投资控制和合同执行情况等方面编写工程总结报告和进行施工安全评价，为工程竣工验收和移交做好准备。

竣工预验收的检查内容有工程资料的预验收和工程质量的预验收两项内容。

（1）工程资料的预验收

① 图纸会审、设计变更、洽谈记录；

② 工程测量、放线记录；

③ 施工过程记录和施工过程检查记录；

④ 质量管理资料和承包单位操作依据等。

专业监理工程师应在工厂管理资料送城建档案管理部门之前对资料进行认真审核，要求承包商对资料存在问题进行整改。

（2）单位工程质量验收的原则

① 具备独立施工条件并能独立使用功能的建筑物及构筑物作为一个单位工程；

② 建筑规模较大的单位工程，可将其能形成独立使用功能的部分为一个子单位。

（3）工程质量竣工验收程序和组织

单位工程完工后，施工单位应自行组织有关人员进行检查评定，报监理单位复核，提交《单位工程竣工验收报审表》，要求提交《房屋建筑工程质量保修书》《住宅使用说明书》《单位工程质量控制资料核查记录》《单位工程安全和功能检验资料核查及主要功能抽查记录》《单位工程观感质量检查记录》等表格报监理单位审查，总监理工程师审查同意后报请建设单位组织参建单位进行工程竣工验收工作，验收完毕由施工单位向建设单位提交《工程竣工验收报告》。

单位工程完工并当工程预验收通过或具备竣工验收条件后，监理单位应编制《工程质量评估报告》，根据各单位提交的验收组人员名单协助建设单位编制《工程质量竣工验收计划书》《工程监理工作总结》，并将《工程质量竣工验收计划书》报建设单位和工程质量监督机构备案。

建设单位收到工程竣工验收报告后，应由建设单位（项目）负责人组织施工、设计、监理等单位（项目）负责人进行单位（子单位）工程竣工验收。

单位工程实行总承包的，总承包单位应按照承包的权利义务对建设单位负总责，分包单位对总承包单位负责。因此，分包单位对承建的项目进行检验时，总包单位应组织并派人参加，检验合格后，分包单位应将工程的有关资料移交总包单位，建设单位组织单位工程质量竣工验收时，分包单位相关负责人参加验收。建设单位应在验收前 7 个工作日，把竣工验收的时间、地点，参加验收单位主要人员、及时通知工程质量、安全监督机构。

（4）工程建设竣工验收备案表

① 单位（子单位）工程质量控制资料核查记录 GD401；

② 单位（子单位）工程安全和功能检验资料核查及主要功能抽查记录 GD402；

③ 单位（子单位）工程观感质量检查记录；

④ 消防验收意见表；

⑤ 环保验收合格表；

⑥ 住宅质量保证书；

⑦ 住宅使用说明书；

⑧ 工程竣工验收申请表；

⑨ 工程竣工验收报告；

⑩ 子分部工程质量验收纪要；

⑪ 建筑节能工程质量情况。

3.12　案例分析

工程施工是使工程设计意图最终实现并形成工程实体的阶段，也是最终形成工程产品质量和工程项目使用价值的重要阶段。因此施工阶段的质量控制不但是施工监理重要的工作内容，也是工程项目质量控制的重点。

1. 按工程实体质量形成过程的时间可分为哪三个施工阶段的质量控制环节？

2. 施工阶段监理工程师进行质量控制的依据有哪些？

3. 采用新工艺、新材料、新技术的工程，事先应进行试验，并由谁出具技术鉴定书？

【参考答案】

1. 施工阶段质量控制的三个环节：①施工准备控制；②施工过程控制；③竣工验收控制。

2. 施工阶段监理工程师进行质量控制的依据：①工程合同文件；②设计文件；③国家及政府有关部门颁发的有关质量管理方面的法律、法规性文件；④有关质量检验与控制的专门技术法规性文件。

3. 采用新工艺、新材料、新技术的工程，应由有权威性技术部门出具技术鉴定书。

子任务三　进度控制

通过本任务的学习，了解建设施工进度计划的编制与落实，熟悉进度记录、统计分析和进度变化预测信息，掌握实际进度与计划进度的对比分析和施工进度的监理对策。

1. 风险分析。
2. 施工进度计划审查程序。
3. 进度目标分解。
4. 计划进度横道图，单、双代号网络图。
5. 监理细则及规划。
6. 施工进度控制措施。

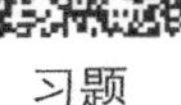

自测题

3.13 施工进度计划审查

1. 施工进度计划的主要内容

① 施工进度计划应符合施工合同中工期的约定；
② 在施工进度计划中主要工程项目无遗漏或重复；
③ 施工顺序的安排应符合施工工艺要求；
④ 关键路线安排和施工进度计划实施过程的合理性和可行性；
⑤ 人力、材料、施工设备等资源配置计划和施工强度的合理性；
⑥ 材料、构配件、工程设备供应计划应满足施工进度计划的需要；
⑦ 本施工项目与其他各标段施工项目之间的协调性；
⑧ 施工进度计划应符合建设单位提供的施工条件（资金、施工图纸、施工场地、物资等）。

2. 施工进度计划审查程序

① 督促施工单位在施工合同约定的时间内向项目监理机构提交施工进度计划；

② 项目监理机构在收到施工进度计划后及时安排专业监理工程师进行审查，提出明确审查意见并填入施工进度计划报审表；

③ 如果需要施工单位对进度计划修改或调整的，项目监理机构应在施工进度计划报审表中明确提出，并要求施工限期完成修改或调整后再报审；

④ 总监负责对施工进度计划进行最后审批。

3.14 施工进度的影响、因素及监理对策

施工进度的影响因素及监理对策很多，概括起来主要有以下几个方面。

（1）施工单位自身管理水平的影响

施工现场的情况千变万化，如果施工单位的施工方案不当，计划不周，管理不善，劳动力和机械调配不当，现场协调和解决问题不及时，就会影响工程项目的施工进度。

（2）工程建设相关单位的影响

影响工程施工进度的单位不只是施工单位。事实上，只要是与工程建设有关的单位，其工作进度的拖后必将对施工进度产生影响。

（3）材料、设备等物资供应进度的影响

施工过程中需要的材料、构配件、机具和设备等如果不能按期运抵施工现场或者是运抵施工现场后发现其质量不符合有关标准的要求，都会对施工进度产生影响，因此，项目监理机构应严格把关，采取有效措施控制好物资供应进度。

（4）建设资金的影响

工程施工的顺利进行必须有足够的资金作保障，建设单位在这方面应有充分的准备。

（5）设计变更的影响

在施工过程中出现设计变更是难免的，或者是由于原设计有问题需要修改，或者是由于

建设单位提出了新的要求。项目监理机构应加强对设计图纸审查，严格控制随意变更，并将必要的变更控制在施工前。

（6）施工技术难度的影响

施工方如果低估了某些工程在技术上的困难，以及没有考虑列某些设计和施工问题的解决需要进行实验和反复论证修改的话，原先的进度计划必然要受到影响。

（7）施工条件的影响

在施工过程中一旦遇到气候、水文、地质及周围环境等方面的不利因素，必然会影响到施工进度。此时，项目监理机构应督促施工单位应利用自身的技术组织能力予以克服，积极疏通关系，并协助施工单位解决那些自身不能解决的问题。

（8）其他各种风险因素的影响

风险因素包括政治、经济、技术及自然等方面的各种可预见或不可预见的因素。项目监理机构必须对各种风险因素进行分析，提出控制风险、减少风险损失及对施工进度影响的措施，并对发生的风险事件给予恰当的处理。

3.15　施工进度控制措施

为确保整个工程按期竣工并交付使用，项目监理机构应采取如下控制措施，对进度进行有效控制，从而实现进度控制的预期目标。

（1）建立进度控制组织架构，总监直接行使进度控制权利，安排专业监理工程师进行进度控制。

（2）督促施工单位完善进度计划保证体系，定期检查其施工进度安排，发现问题及时提出，并及时向建设单位报告。

（3）督促施工总包、分单位落实人员、材料、设备、资金投入；同时督促建设单位及时拨付工程进度款、进行材料设备定板、确定设计变更等，防止影响进度。

（4）应检查分包单位合同进度要求与施工总包单位制度计划是否一致，并明确分包单位相应进度管理责任。

（5）应强调施工总包单位负责总进度，分包单位以交接单规定的完成时间向施工总包单位负责。

（6）设置阶段或里程碑节点进度计划控制目标，即进度计划关键节点控制工期。如：桩基、±0.00、主体结构封顶、外脚手架拆除、砌筑、水电安装及测试、室外等工程的定成日期。根据总进度计划制定各关键节点验收时间，动态管理检查进度计划控制点完成情况并督促施工单位制定奖罚措施，最终达到工期目标。

（7）定期与不定期召开进度协调会，及时协调解决影响进度的问题。

（8）对独立分包单位实行交接单制度：如进入装修阶段之后、所有独立分包单位实行交接单制度，即所有的独立分包单位所施工的工程用为一道工序，由施工总承包单位用交接单的书面形式进行现场操作面交接，独立分包单位施工完成并经过监理验收后，再用交接单的书面形式交给施工总承包单位。

（9）严格审查并尽量优化施工单位所拟定的各项加快工程进度的措施。

（10）向建设单位、施工单位推荐措施先进、科学合理、经济实用的技术方法和手段、采用新工艺、新方法，加快工程进度。

（11）督促施工单位优化施工组织，实行平行、立体交叉作业。

（12）督促施工单位缩短施工工艺时间，减少技术间歇期，实行小流水段组织施工，以减少工作面间歇时间，加快施工进度。

（13）利用 PROJECT 软件、EXCEL、带时标网络图、实际进度前锋线或香蕉曲线等先进的信息化管理，提高管理时效性，实行动态跟踪调整。

（14）监督进度计划的实施，实际进度与计划进度不符时，及时要求施工单位修改进度计划，并提出工程按期竣工的保证措施。

（15）定期或不定期分析施工进度情况，编写施工进度控制专题报告报送建设单位。

（16）利用合同文件所赋予的权利，督促施工单位按期完成各项施工进度计划；并按合同中明确的经济手段对施工单位进度执行情况进行量化奖罚，从而对工程进度加以控制。

（17）监督施工总包单位、分包单位完成工作面的交接工作，及时处理不按规定时间交接工作面的责任方并进行处罚。

（18）协助建设单位对施工合同中有关进度条款的执行情况进行分析，必要时进行修改补充。

（19）严格审查批准工期延长事项。对不是由施工单位自身原因引起的工期延长，可以根据合同约定，批准工期的延长，涉及经济损失必须征得建设单位同意，方可批准。

可以延长工期的条件：

① 因建设单位工程变更而导致工程量增加；

② 由建设单位造成的延误、干扰或阻碍；

③ 异常恶劣的气候条件；

④ 非施工单位责任的其他原因。

3.16　施工进度计划的督促落实

1. 施工进度计划执行督促检查

周进度计划检查由总监代表组织建设单位现场代表、进度控制专业监理工程师、施工单位进度管理负责人，于每周的监理例会前一天到施工现场实地对照检查。项目监理机构须就检查情况汇报至建设单位，并对检查异样情况及时进行纠偏和控制、提出相应合理建议。

2. 施工进度计划变更管理

（1）进度计划变更原则

进度计划一经审核批复，原则上不允许变更，尤其是总工期和重大里程碑工期不准延误。除非合同范围有圈套的变更，或因不可抗力发生无法履行合同的重大事件如战争、政策重大变更等，由施工单位提出变更计划的申请，经建设单位审批同意后执行。

（2）进度计划变更的申报与审批

① 非关键线路上节点工期的调整，由施工单位提出调整计划的申请。经项目监理机构审

批同意后，报建设单位现场代表审查同意后执行；变更申请必须说明变更后的计划安排及保证措施，项目监理机构及建设单位必须对保证措施进行复核确认可行。

② 一般里程碑工期调整，由执行人提出调整计划的申请，经项目监理机构审批同意后，再报建设单位审查，经建设单位审批后执行。变更申请必须说明变更后的计划安排及保证措施，项目监理机构及建设单位需提出保障措施的可行性意见。

③ 总工期和重大的里程碑工期调整，由施工单位提出调整计划的申请。经项目监理机构审批同意后，再报建设单位审查，经建设单位审批后执行。变更申请必须说明变更后的计划安排及保证措施，项目监理机构及建设单位须提出保障措施的可行性意见。通常情况下，总工期和重大的里程碑工期是关门工期，不得调整，不准延误。

（3）进度计划变更方法

进度计划因客观原因确需调整的，遵循增加关键线路资源投入，压缩增加费用最少的关键任务、对质量和安全影响不大的工作，优化非关键线路降低资源使用强度的原则，通过阶段动态调整，实现总控计划不变和总费用最优目标。调整前要分辨是属于设计、施工单位、招标代理原因造成的偏差还是建设单位原因造成的偏差，并及时将调整信息上报。

3. 施工进度计划督促与协调

原则上通过监理例会及进度计划专题会来对计划的执行进行督促与协调。

（1）进度计划督办和协调层次

第一层次为项目监理机构协调施工单位以及相关方对计划执行情况进行督办、协调。项目监理机构难以解决的问题，才进入第二层次督促。

第二层次为建设单位协调参建单位以及相关方对计划执行情况进行督办、协调。建设单位职能组难以解决的问题，才进入第三层次督办。

第三层为建设单位组织的进度计划专题会。建设单位项目负责人根据实际进度情况主持召开工程进度计划专题会，对计划执行情况作全面检查，协调解决存在的矛盾和困难，对下一阶段的任务提出要求。工程进度计划专题会会议决定是指令性的，建设单位、项目监理机构、施工单位必须坚决贯彻落实。

（2）进度计划督促方式

根据进度有关事项紧急情况和复杂程度，对于非紧急的单一事项或多项事实清楚的关联事项督促，可采取联系单、电话提醒、网络通信等方式；反之，对于情况紧急或事实复杂的事项督促，可采取会议通报、专题报告、合同履约奖罚等多种方式。

4. 施工进度计划的落实

（1）施工进度的检查

审核检查施工单位每月提交的工程进度报告，包括年统计、季统计、月统计、旬统计、周统计、日统计。审核检查的要点是：

① 计划进度与实际进度的差异；

② 形象进度、实物工程量与工作量指标完成情况的一致性；

③ 按合同要求入时进行工程计量验收；

④ 有关进度、计量方面的签证，进度、计量方面的签证是支付进度款、计算索赔、延长工期的重要依据。

（2）施工进度的动态管理

实际进度与计划发生差异时，分析产生的原因，并提出调整进度的措施和方案，并相应调整施工进度计划及设计、材料设备、资金等进度计划，必要时调整工时目标。

① 对施工实际进度数据收集。定期、经常、完整地收集由施工单位提供的有关报表、资料，参与施工单位或建设单位定期召开有关工程进度协调会，听取工程施工进度的汇报和讨论。并深入现场，具体检查进度的实际执行情况，经常性对施工实际进度的数据分析。

② 在对施工中的进度的数据进行分析时，为达到控制进度的目的，必须与工程实际进度与计划进度作比较，从中发现问题，以便采取必要的措施。

③ 对于施工进度的重大偏差，项目监理机构必须第一时间向建设单位报告，并提交施工总工期或重大里程碑工期延误情况的监理专题报告。属于施工单位原因造成的，总监可以协助建设单位约谈施工单位法定代表人，并督促施工单位加大资源投入，及早完成纠集工作；属于非施工单位的原因造成的，总监协助建设单位会商相关责任单位法定代表人和项目负责人，研究对策，督促及早完成纠集工作。

5. 施工进度协调专题会议

施工进度协调专题会议主要是解决施工中遇到的五影响进度的问题，一般包括如下内容：

① 各承包单位之间的进度协调问题；

② 工作面交接和阶段成品保护问题；

③ 场地与公用设施利用中的矛盾问题；

④ 某一方面断水、断电、断路，开挖要求对施工影响的问题；

⑤ 资源保障问题；

⑥ 没有外部协调条件配合问题；

⑦ 设计变更、材料定板、工程款支付等影响进度问题。

会后项目监理机构应整理会议纪要、明确责任人及落实时间。

3.17 案例分析

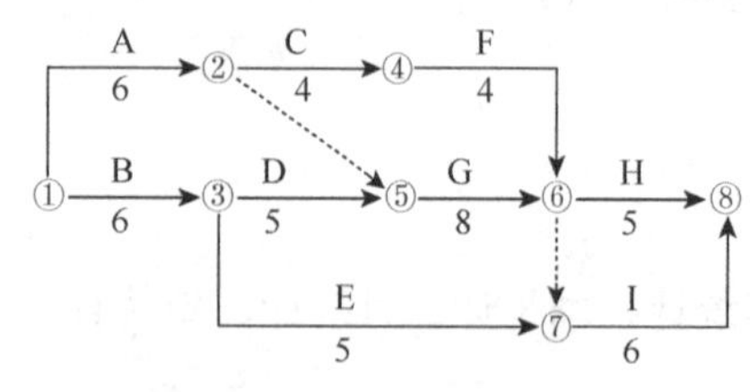

图 3-6 施工网络进度计划

某建设单位（甲方）与某施工单位（乙方）订立了某工程项目的施工合同。合同规定：采用单价合同，每一分项工程的工程量增减风险系数为 10%，合同工期 25 天，工期每提前 1 天奖励 3 000 元，每拖后 1 天罚款 5 000 元。乙方在开工前及时提交了施工网络进度计划如图 3-6 所示，并得到甲方代表的批准。

工程施工中发生如下几项事件。

事件 1：因甲方提供的电源出故障造成施工现场停电，使工作 A 和工作 B 的工效降低，作业时间分别拖延 2 天和 1 天；工作 A、B 分别多用人工 8 个和 10 个工日；工作 A 租赁的施工机械每天租赁费为 560 元，工作 B 的自有机械每天折旧费 280 元。

事件 2：为保证施工质量，乙方在施工中将工作 C 原设计尺寸扩大，增加工程量 $16m^3$，该工作综合单价为 87 元/m^3，作业时间增加 2 天。

事件 3：因设计变更，工作 E 工程量由 $300m^3$ 增至 $360m^3$，该工作原综合单价为 65 元/m^3，经协商调整单价为 58 元/m^3。

事件 4：鉴于该工作工期较紧，经甲方代表同意乙方在工作 G 和工作 I 作业过程中采取了加快施工的技术组织措施，使这两项工作作业时间均缩短了 2 天，该两项加快施工的技术组织措施费分别为 2 000 元、2 500 元。

其余各项工作实际作业时间和费用均与原计划相符。

子任务四　成本控制

通过本任务的学习，了解建设工程成本控制的内容，熟悉相关工程审查的内容，掌握工程预付款计算，工程计量内容、进度款支付、工程变更产生的原因和工程签证、工程量清单费用的组成及索赔内容以及竣工结算审查的程序和内容等，达到监理单位在项目实施全过程的成本控制工作要求。

1. 工程量清单三种计价方法。
2. 工程预付款及其支付方式。
3. 工程计量原则及工程变更。
4. 工程进度款支付及质量保证金的预留。
5. 分部分项工程费及索赔。
6. 竣工结算款的计算。

PPT

习题

自测题

3.18　工程造价概述

1. 工程造价

工程造价，一般是指一项工程预计开支的全部固定资产投资费用，在这个意义上工程造价与工程投资的概念是一致的。在工程建设的不同阶段，工程造价具有不同的表现形式，如：投资估算、设计概算、修正概算、施工图预算、工程结算、竣工决算等。

工程监理的造价控制主要是在施工阶段对施工承包合同价，即工程建筑安装费用进行控制。国家为规范工程造价计价行为，制定了《建设工程工程量清单计价规范》（GB50500）（以下简称《清单计价规范》）。使用国有资金投资或国有资金为主的工程建设项目必须采用工程量清单计价。

2. 建设工程项目

建设工程项目指为完成依法立项的新建、改建、扩建的各类工程（土木工程、建筑工程及安装工程等）而进行的、有起止日期的、达到规定要求的一组相互关联的受控活动组成的特定过程，包括策划、勘察、设计、采购、施工、试运行、竣工验收和移交等。

建设工程项目的造价，在施工阶段都应该根据工程特点将建设项目先进行分解，然后按照分解后的各个细部，依据工程合同、设计图纸、定额以及工程量清单规范，计算出工程中的各个分部工程、分项工程所消耗的人工费、材料费、机械台班费等工程费用，再逐步进行汇总。建设工程项目可划分：单项工程、单位工程、分部工程和分项工程。

3. 工程造价的计算

采用工程量清单计价，建设工程造价由分部分项工程费、措施项目费、其他项目费、规费和税金组成。

在工程量清单计价中，如按分部分项工程单价组成来分，工程量清单计价主要有三种形式：①工料单价法；②综合单价法；③全费用综合单价法。

《清单计价规范》规定，分部分项工程量清单应采用综合单价计价。利用综合单价法计价清单项目，再汇总得到工程总造价。

4. 工程造价控制的主要内容

① 对验收合格的工程及时进行计量和定期签发工程款支付证书；

② 对实际完成量与计划完成量进行比较分析，发现偏差的，督促施工单位采取有效措施进行纠偏，并向建设单位报告；

③ 按规定处理工程变更申请；

④ 及时收集、整理有关工程费用和工期的原始资料，为处理索赔事件提供证据；

⑤ 按规定程序处理施工单位费用索赔申请；

⑥ 按规定程序处理工期延期及其他方面的申请；

⑦ 按合同约定规定及时对施工单位报送的竣工结算工程量或竣工结算进行审核；

⑧ 协助建设单位处理投标清单外和新增项目的价格确定等事宜。

5. 监理单位造价控制工作职责

① 需按施工合同规定，在规定的时限内审核签认施工单位报送的计量支付资料。

② 审核计量支付资料的真实性、完整性、准确性。若施工单位提供的资料不真实、不完

整、不准确和不详细，应及时要求施工单位进行更正、补充和完善，对达不到计量支付要求的项目不得计量，及时要求施工单位对计量支付资料补充完善。

③ 审核当期完成的工程范围和工程内容及工程量，监督施工单位严格执行施工合同的相关规定，防止出现超计、超付，出具工程款支付证书。

④ 建立计量支付、设计变更、工程签证、清单外新增项目单价、清单内主材变更单价换算、已供材料设备清单及定价等台账，确保台账的各项资料的及时、完整和准确，以及互相一致。

⑤ 收集、整理工程造价管理资料，并归档。

6. 工程造价控制工作程序

工程造价控制工作程序详见图 3-7。

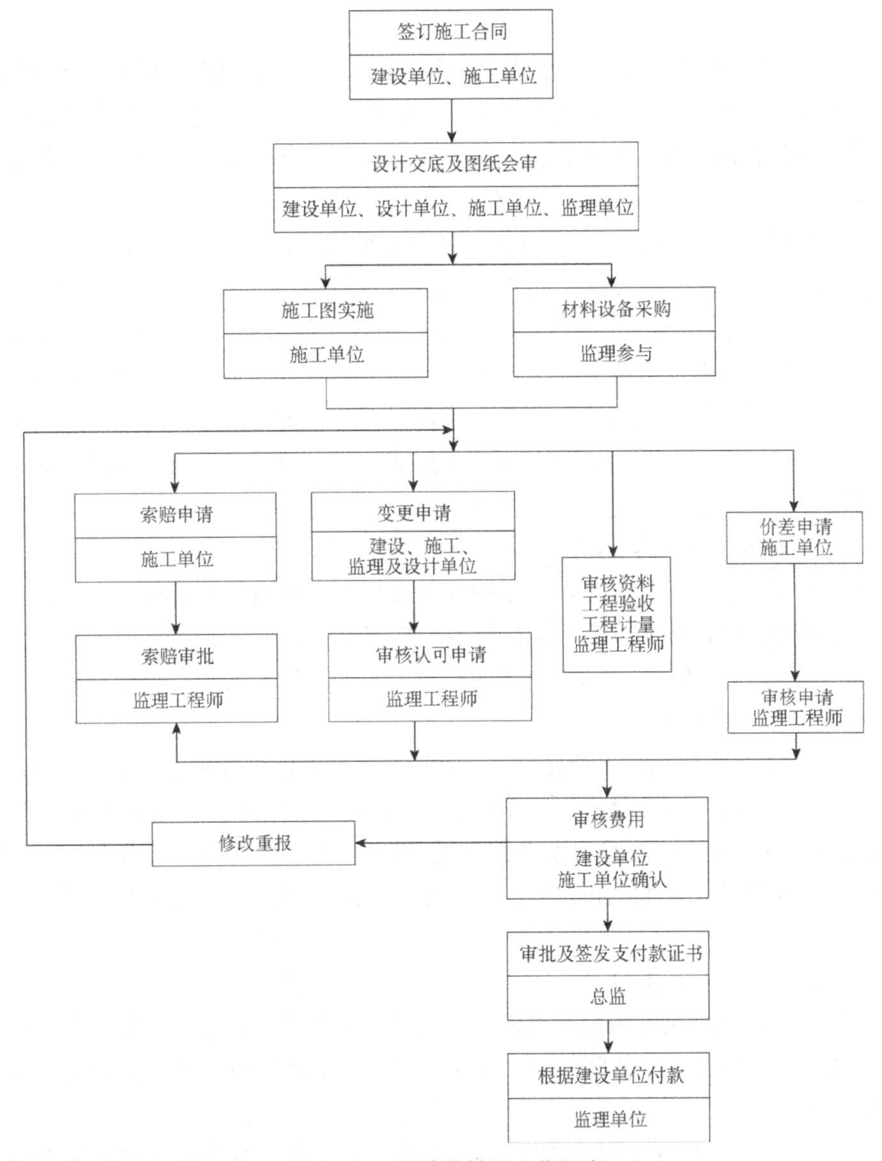

图 3-7　工程造价控制工作程序

3.19 工程成本相关审查

1. 工程预付款审查

（1）工程预付款及其支付

工程预付款又称材料备料款或材料预付款。工程示范实行预付款，取决于工程性质、承包工程量的大小以及建设单位在招标文件、合同文件中的规定。

工程实行工程预付款，合同双方应根据合同通用条款及价款结算办法的有关规定，在合同专用条款中约定并履行。一般建筑工程为工程总造价（包括水、电、暖）的 30%；安装工程为工程总造价的 10%。

当合同没有约定时，按照财政部、建设部印发的《建设工程价款结算暂行办法》的规定办理。

① 工程预付款的额度：包工包料工程的预付款按合同约定拨付，原则上预付比例不低于合同总造价的 10%，不高于合同总造价的 30%。对重大工程项目，按年度工程计划逐年预付。实行工程量清单计价的工程，实体性消耗和非实体性消耗部分应在合同中分别约定预付款比例（或金额）。

② 工程预付款的支付时间：在具备施工条件的前提下，建设单位应在双方签订合同后的 1 个月内或不迟于约定的开工日期前的 7 天内预付工程款，建设单位不按约定预付，施工单位应在预付时间到期后 10 天内向建设单位发出要求预付的通知，建设单位收到通知后仍不按要求预付，施工单位可在发出通知 14 天后停止施工，建设单位应从约定之日起向施工单位支付应付款的利息（利率按同期银行贷款利率计），并承担违约责任。

③ 凡是没有签订合同或不具备施工条件的工程，建设单位不得预付工程款，不得以预付款为名转移资金。

（2）安全文明施工费及其支付

安全文明施工费的内容和范围，应以国家和工程所在地省级建设行政主管部门的规定为准。当合同没有约定时，按照《清单计价规范》规定支付。

① 建设单位应在工程开工后的 28 天内预付不低于当年的安全文明施工费总额的 50%，其余部分与进度款同期支付。

② 建设单位没有按时支付安全文明施工费的，施工单位可催告建设单位支付；建设单位在付款期满后的 7 天内仍未支付的，若发生安全事故的，建设单位应承担连带责任。

③ 施工单位应对安全文明施工费专款专用，在财务账目中单独列项备查，不得挪作他用，否则建设单位有权要求其限期改正；逾期未改正的，造成的损失和（或）延误的工期由施工单位承担。

（3）总承包管理费及其支付

总承包管理费是总承包人为配合协调发包人进行的专业工程分包，发包人自行采购的设备、材料等进行保管以及施工现场管理、竣工资料汇总整理等管理所需的费用。按照《清单计价规范》规定：

① 建设单位应在工程开工后的 28 天内向总承包单位预付总承包管理费的 20%，分包进

场后，其余部分与进度款同期支付；

② 建设单位未按合同约定向总承包单位支付总承包管理费，总承包施工单位可不履行总包管理义务，由此造成的损失（如有）由建设单位承担。

（4）工程预付款的抵扣

工程预付款属于预付性质。施工的后期所需材料储备逐步减少，需要以抵充工程价款的方式陆续扣还。预付的工程款在施工合同中应约定扣回方式、时间和比例。常用的扣回方式有以下几种。

① 在施工单位完成金额累计达到合同总额双方约定一定比例后，采用等比例或等额的方式分期扣回；

② 从未完施工工程尚需的主要材料及构件的价值相当于工程预付款数额时起扣，从每次中间结算工程价款中，按材料及构件的比重抵扣工程预付款，至竣工之前全部扣清，起扣点得计算公式为

$$T=P-M/N$$

式中　T——起扣点，即工程预付款开始扣回时的累计完成工作量金额；

P——承包工程价款总额；

M——工程预付款数额；

N——主要材料所占比重。

2. 工程计量审查

（1）工程计量的原则

① 可以计量的工程量必须是经验收确认合格的工程；隐蔽工程在覆盖前计量应得到确认；

② 可以计量的工程量应为合同义务过程中实际完成的工程量；

③ 合同清单外合格的工程量纳入计量前必须办理有关审批手续；

④ 如发现工程量清单中漏项、工程量计算偏差以及工程变更引起工程量的增减变化应据实调整，正确计量。

（2）现场签证、工程变更的计量

① 现场签证计量是造价控制工作的关键，非承包商自身原因引起的工程量变化以及费用增减，监理工程师应及时办理现场工程量签证。如果工程质量未达到规定要求或由于自身原因造成返工的工程量，监理工程师不予计量。监理工程师必须杜绝不必要的签证，避免重复支付。

② 工程变更是指因设计图纸的错、漏、碰、缺，或因对某些部位设计调整及修改，或因施工现场无法实现设计图纸意图而不得不按现场条件组织施工实施等的事件。工程变更包括设计变更、进度计划变更、施工条件变更、工程量变更以及原招标文件和工程量清单中未包括的其他工程。

（3）项目监理机构对工程量审查的重点内容

① 核查工程量清单中开列的工程量与设计图纸提供的工程量是否一致；

② 若发现工程量清单中有缺陷、漏项和工程量偏差，提醒施工单位履行合同义务，按设计图纸中的工程量调整；

③ 审查土方工程量；

④ 审查打桩工程量；

⑤ 审查砖石工程量；

⑥ 审查混凝土及钢筋混凝土工程量；

⑦ 审查金属结构工程量；

⑧ 审查屋面及防水工程量；

⑨ 审查门窗工程量；

⑩ 审查水暖工程量；

⑪ 审查电气照明工程量；

⑫ 审查设备及其安装工程量。

（4）工程量的确认

施工单位应按合同约定，向建设单位或项目监理机构递交已完工程量报告。建设单位或项目监理机构应在合同约定的审核时限按设计图纸核实已完工程量。已完工程量报告应附上历次计量报表、计算过程明细表、钢筋抽料表、隐蔽工程质量确认等支持性材料。

（5）建立月完成工程量和工作量统计表

建立统计表的目的是便于及时对实际完成量与计划完成量进行比较、分析，判定造价是否超差，如果超差则需进行原因分析，制定调整措施，并通过监理月报向建设单位报告。监理人员应在工程开始后，按不同的施工合同根据月支付工程款分别建立台账，做好完成工程量和工作量的统计分析工作。

3. 工程进度款支付审查

1）工程进度款支付程序

工程进度款支付通常是根据施工实际进度完成的合格工程量，按施工合同约定由施工单位申报，经总监批准后由建设单位支付。其程序如下所述。

① 施工单位依据施工合同工程计量与支付的约定条款，及时向项目监理机构申报计量与支付申请。

② 专业监理工程师对施工单位在工程款支付报审表中提交的工程量和支付金额进行复核，确定实际完成的工程量，提出到期应支付给施工单位的金额，并提出相应的支持性材料。

③ 总监对专业监理工程师的审查意见进行审核，签认后报建设单位审批。

④ 总监根据建设单位的审批意见，向施工单位签发工程款支付证书。

2）工程进度款支付要求

（1）工程款支付报审表应按 2016 年监理用表的要求填写。

（2）申请工程计量与支付进度款的支持性材料，要求列明支持材料明细清单。

（3）项目监理机构应建立月完成工程量统计表，对实际完成量与计划完成量进行比较分析，发现偏差的，提出调整建议，并在监理月报中向建设单位报告。

（4）工程款支付证书一式三份，监理单位审核签章后，转交施工单位送建设单位进行审核支付，审核完成的进度款报表交施工单位、监理单位、建设单位，存留份数按合同约定。

（5）进度款支付申请包括（但不限于）内容：

① 本周期已完成的工程价款；

② 累计已完成的工程价款；

③ 累计已支付的工程价款；

④ 本周期已完成计日工金额；

⑤ 应增加和扣减的变更金额；

⑥ 应增加和扣减的索赔金额；

⑦ 应抵扣的质量保证金；

⑧ 根据合同应增加和扣减的其他金额；

⑨ 本付款周期实际应支付的工程价款。

3）质量保证金（尾款）的预留

工程项目总造价中预留出一定比例的质量保证金（尾款）作为质量保修费用，待工程项目保修期结束后最后拨付。有关质量保证金（尾款）扣留应按《建设工程施工合同（示范文本）（GF-2013—0201）》第15.3.2条，有以下三种方式：

① 在支付工程进度款时逐次扣留，在此情形下，质量保证金（尾款）的计算基数不包括预付款的支付、扣回以及价格调整的金额；

② 工程竣工结算时一次性扣留质量保证金（尾款）；

③ 双方约定的其他扣留方式。

除专用合同条款另有约定外，质量保证金（尾款）的扣留原则上采用上述第①种方式。

建设单位累计扣留的质量保证金不得超过结算合同价格的5%，如施工单位在建设单位签发竣工付款证书后28天内提交质量保证金保函，建设单位应同时退还扣留的作为质量保证金的工程价款。

4）FIDIC施工条件下建筑安装工程的支付

（1）工程量清单内的支付

① 清单内有具体工程内容、数量、单价的项目，即一般项目。

② 工程数量或工程内容或工程单价不具体的项目：暂定金、暂定数量、计日工等。

③ 间接用于工程的项目：履约保证金、工程保险金等。

（2）工程量清单以外的支付

① 动员预付款支付与扣回；

② 材料设备预付款支付与扣回；

③ 价格调整支付；

④ 工程变更费用支付；

⑤ 索赔金额支付；

⑥ 违约金支付；

⑦ 迟付款利息支付；

⑧ 扣留保留金；

⑨ 合同中止支付；

⑩ 地方政府支付。

（3）工程尾款的最终支付程序

① 工程缺陷责任终止后，施工单位提出最终支付申请。

② 工程师对最终支付申请进行审查的主要内容：

- 申请最终支付的总说明；
- 申请最终支付的计算方法；
- 最终应支付施工单位款项总额；
- 最终的结算单包括各项支付款项的汇总表和详细表；
- 最终凭证，包括计算图表、竣工图等施工技术资料，与支付有关的审批文件、票据、中间计量、中期支付证书等；
- 确认最终支付的项目与数量，签发最终支付证明。

4. 工程变更价款审查

1）工程变更的内容

所谓工程变更是指因设计图纸的错、漏、碰、缺，或因对某些部位设计调整及修改，或因施工现场无法实现设计图纸意图而不得不按现场条件组织施工实施等的事件。工程变更包括设计变更、进度计划变更、施工条件变更、工程量变更以及原招标文件和工程量清单中未包括的其他工程。

2）工程变更产生的原因

由于建设工程施工阶段条件复杂，影响的因素较多，工程变更是难以避免的，其产生的主要原因包括：

① 发包方的原因造成的工程变更。如发包方要求对设计修改、工程缩短以及增加合同以外的“新增工程”等。

② 监理工程师的原因造成的工程变更。工程师可以根据工程的需要对施工工期、施工顺序等提出工程变更。

③ 设计方的原因造成的工程变更。如由于设计深度不够、质量粗糙等导致不能按图施工，不得不进行的设计变更。

④ 自然原因造成的工程变更。如不利的地质条件变化、存在地下管线及障碍物、特殊异常的天气条件以及不可抗力的自然灾害的发生导致的设计变更、附加工作、工期的延误和灾后的修复工程等。

⑤ 施工单位原因造成的工程变更。一般情况下，施工单位不得对原工程设计进行变更，但施工中施工单位提出的合理化建议，经工程师同意后，可以对原工程设计或施工组织进行变更。

3）工程变更的程序

由于工程变更会带来工程造价和工期的变化，为了有效地控制造价，无论任何一方提出工程变更，均需由项目监理机构确认并签发工程变更指令。项目监理机构确认工程变更的一般步骤是：提出工程变更→分析提出的工程变更对项目目标的影响→分析有关的合同条款和会议、通信记录→向建设单位提交变更评估报告（初步确定处理变更所需的费用、时间范围和质量要求）→确认工程变更。

4）工程变更导致合同价款和工期的调整

工程变更应按照施工合同相应条款的约定确定变更的工程价款；影响工期的，工期应相应调整。但由于下列原因引起的变更，施工单位无权要求任何额外或附加的费用，工期不予顺延。

① 为了便于组织施工而采取的技术措施变更或临时工程变更。

② 为了施工安全、避免干扰等原因而采取的技术措施变更或临时工程变更。

③ 因施工单位违约、过错或施工单位引起的其他变更。

5）工程变更后合同价款的确定

（1）工程变更后合同价款的确定程序，如图 3-8 所示。

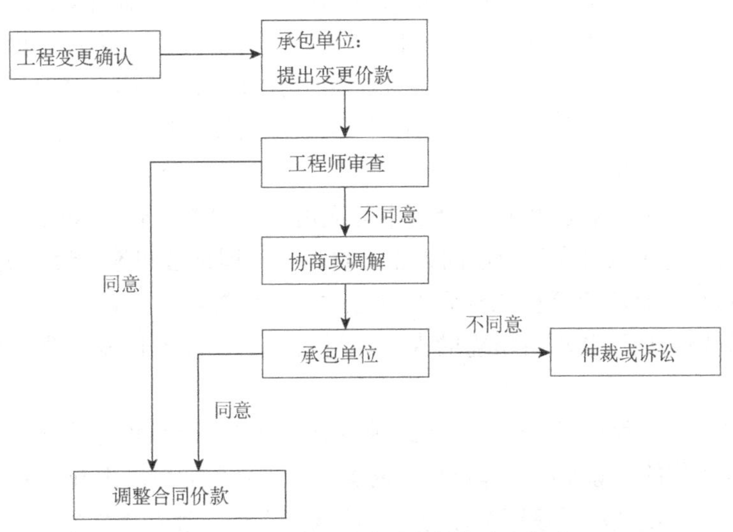

图 3-8　工程变更后合同价款的确定程序

（2）工程变更后合同价款的确定方法

① 一般规定。

- 合同中已有适用于变更工程的价格，按合同已有的价格变更合同价款。
- 合同中只有类似于变更工程的价格，可以参照此类价格变更合同价款。
- 合同没有适用或类似于变更工程的价格，由施工单位或建设单位提出适当的变更价格，经对方确认后执行。如双方不能达成一致的，双方可提请工程所在地工程造价管理机构进行咨询或按合同约定的争议或纠纷解决程序办理。

② 采用工程量清单计价的工程。采用工程量清单计价的工程，除合同另有约定外，其综

合单价因工程量变更需调整时，应按下列办法确定。

- 工程量清单漏项或设计变更引起新的工程量清单项目，其相应综合单价由施工单位提出，经建设单位确认后作为结算的依据。
- 由于工程量清单的工程数量有误或设计变更引起工程量增减，属合同约定幅度以内的，应执行原有的综合单价；属合同约定幅度以外的，其增加部分的工程量或减少后剩余部分的工程量的综合单价由施工单位提出，经建设单位确认后，作为结算依据。由于工程量的变更，且实际发生了规定以外的费用损失，施工单位可提出索赔要求，与建设单位协商确定后，给予补偿。

③ 协商单价和价格。协商单价和价格是基于合同中没有或者有但不合适的情况而采取的一种方法。施工单位按照招投标文件及施工合同精神编制单价分析表，经过协商定价，达成一致后可构成新增工程价格。

5. 工程签证管理

（1）工程签证的要求

施工单位须完成合同价款以外的、非施工单位责任事件等的施工项目。施工单位应在工程签证事件发生之前向项目监理机构提出工程现场签证要求或意向。

除专用条款另有约定外，施工单位应在工程签证事件发生之前向项目监理机构提出工程现场签证报告。项目监理机构在收到施工单位的现场签证报告后，应由造价专业工程师对报告内容予以核实，并在收到现场签证报告后的 48h 内予以确认或提出修改意见。项目监理机构在收到施工单位现场签证报告后的 48h 内未确认也未提出修改意见的，视为施工单位提交的现场签证报告已被认可。

工程签证事件内容有相应单价或合同中有适用单价的项目时，合同双方当事人仅在现场签证报告中列明完成该类项目所需的人工、材料、工程设备和施工设备机械台班的数量。工程签证事件内容没有相应单价或合同中没有适用单价的项目，合同双方当事人应在现场签证报告中应列明完成这类项目所需的人工、材料、工程设备和施工设备机械台班的数量和单价。

合同履行中发生工程签证事件时，未经项目监理机构、建设单位签证、确认，施工单位便擅自实施相关工作的，除非事后建设单位同意，否则发生的费用由施工单位承担。

合同履行期间，出现工程签证事件的，合同双方当事人就应及时对工程签证内容所涉及合同价款的调整事项进行平等协商和确定（除专用条款另有约定外，执行工程变更价款确定程序及办法），并作为追加合同价款，按合同约定支付。

（2）工程签证工作的实施

施工单位应存建设单位确认工程签证报告后，按照工程签证报告的内容（或总监发出的工作指令）及时组织实施相关工作。否则，由此引起的损失或延误的工期由施工单位承担。

工程签证参考用表：工程签证联系单、工程签证审批表、现场签证记录报审表、工程签证台账。分别见表 3-13、表 3-14、表 3-15、表 3-16。

表 3-13　工程签证联系单

工程名称：　　　　　　　　　　　　　　　　　　　　　　　　签证编号：

<table>
<tr><td>合同名称</td><td></td><td>合同编号</td><td></td></tr>
<tr><td>施工单位
（盖项目章）</td><td colspan="3">1. 签证内容：
2. 签证原因：
3. 签证费用估算：
4. 工作联系单支持材料目录（支持材料附后）：

经办人：　　　　　　项目经理：
日期：　年　月　日</td></tr>
<tr><td>监理单位
（盖项目章）</td><td colspan="3">监理单位意见：

经办人：　　　　　　总监理工程师：
日期：　年　月　日</td></tr>
<tr><td>设计单位
（盖项目章）</td><td colspan="3">设计单位意见：

经办人：　　　　　　设计负责人：
日期：　年　月　日</td></tr>
<tr><td>建设单位工程
管理部门
（盖章）</td><td colspan="3">工程管理部门意见：

经办人：　　　　　　部门负责人：
日期：　年　月　日</td></tr>
<tr><td>建设单位负责人</td><td colspan="3">
负责人：
日期：　年　月　日</td></tr>
<tr><td>备注</td><td colspan="3"></td></tr>
</table>

1. 工作联系单支持材料包括：签证内容支持材料、签证原因支持材料、签证费用估算说明及计算过程等。
2. 工作联系单由施工单位呈报一式十份，建设单位工程管理部门一份、项目监理机构一份、施工单位八份。
3. 签证编号按流水号编写，签证编号在工作联系单、工程量签证表及工程量费用审批表中其编号均需一致。

表 3-14　工程签证审批表

工程名称：　　　　　　　　　　　　　　　　　　　　　　　　签证编号：

合同名称及编号
1. 申请签证原因及工程量描述： （可附简图）
2. 工程签证费用及工期变化情况：
3. 工程签证证明材料及附件：

（续表）

施工单位（盖项目章） 经办人签名： 项目经理签名： 日期：　年　月　日
项目监理机构签证意见： 项目监理机构（盖章）： 经办人：　　总监理工程师： 日期：　年　月　日
建设单位签证意见： 建设单位（盖章）：　　经办人： 负责人： 日期：　年　月　日

附：现场签证记录及费用计算材料。

表 3-15　现场签证记录报审表

工程名称：　　编号：　　日期：　年　月　日

签证事由：					
序号	施工申报签证内容及工程量（含计算式）	计量单位	监理经办人审签	建设单位经办人审签	备注
编制人签名：		监理经办人签名：		建设单位经办人签名：	
项目经理签名：		监理计量工程师审签：		建设单位现场负责人审签：	
		总监审签：		建设单位负责人签名：	

说明：1. 此签证单仅证明现场已发生的事实；

2. 涉及费用和工期调整的项目，应以合同约定为依据进行计算，并经造价专业监理工程师审签，总监和建设单位审批。

表 3-16　工程签证台账

工程名称：　　单位：元

合同名称			施工单位			合同价款		
合同编号			监理单位			签证审定价款合计		
序号	工程签证项目名称	签证编号	费用审核					备注
			施工单位报审费用	监理单位审核费用	建设单位审核费用	财政部门审核费用	合同价款的调整（超过合同价的10%签订补充协议）	
	合计							

6. 分部分项工程费与相关费用审查

（1）审查分部分项工程费

分部分项工程费是构成工程造价的主要费用部分，一般占工程总造价的 70%～80%。采用综合单价法审查分部分项工程费主要应抓住两个核心问题，即审查各分部分项工程的工程量及其综合单价。

（2）施工措施费审查的基本内容

措施项目清单部分费用一般占工程总造价的 10%～20%。按照《清单计价规范》该项费用主要包括：安全文明施工费，夜间施工费，非夜间施工照明费，二次搬运费，冬雨期施工费，大型机械设备进出场及安拆费，施工排水费，施工降水费，地上、地下设施，建筑物的临时保护设施费，已完工程及设备保护费，脚手架搭拆费，高层施工增加费及其他措施项目。

（3）安全文明施工费审查的基本内容

安全文明施工费（含环境保护、文明施工、安全施工、临时设施）必须专款专用，不得作为竞争性费用。为防止施工单位在工程施工过程中挪作他用，项目监理机构应对此专门审查。按照《清单计价规范》安全文明施工费列为一般措施项目，其工作内容及包含范围主要有环境保护、文明施工、安全施工、临时设施。

（4）规费审查的基本内容

规费是根据省级或省级有关权力部门的规定列项，不得作为竞争性费用。规费项目清单应按照下列内容列项：工程排污费，养老保险费，失业保险费，医疗保险费，住房公积金，工伤保险。

7. 索赔费用审查

1）施工单位向建设单位索赔的程序

（1）施工单位应在知道或应当知道索赔事件发生后 28 天内，向项目监理机构递交索赔意向通知书，并说明发生索赔事件的事由。施工单位未在前述 28 天内发出索赔意向通知书的，丧失要求追加付款和（或）延长工期的权利。

（2）施工单位应在发出索赔意向通知书后 28 天内，向项目监理机构正式递交索赔报告；索赔报告应详细说明索赔理由以及要求追加的付款金额和（或）延长的工期，并附必要的记录和证明材料。

（3）索赔事件具有持续影响的，施工单位应按合理时间间隔继续递交延续索赔通知，说明持续影响的实际情况和记录，列出累计的追加付款金额和（或）工期延长天数。

（4）在索赔事件影响结束后 28 天内，施工单位应向项目监理机构递交最终索赔报告，说明最终要求索赔的追加付款金额和（或）延长的工期，并附必要的记录和证明材料。

2）项目监理机构对施工单位索赔的处理

（1）项目监理机构应在收到索赔报告后 14 天内完成审查并报送建设单位。项目监理机构对索赔报告存在异议的，有权要求施工单位提交全部原始记录。

（2）建设单位应在项目监理机构收到索赔报告或有关索赔的进一步证明材料后的 28 天

内，通过项目监理机构向施工单位出具经建设单位签认的索赔处理结果。建设单位逾期答复的，则视为认可施工单位的索赔要求。

（3）施工单位接受索赔处理结果的，索赔款项在当期进度款中进行支付；施工单位不接受索赔处理结果的，按照《设工程施工合同（示范文本）（GF-2013—0201）》第20条[争议解决]约定处理。

3）费用索赔的处理程序

（1）受理施工单位在施工合同约定的期限内提交的费用索赔意向通知书。

（2）收集与索赔有关的资料。

（3）受理施工单位在施工合同约定的期限内提交的费用索赔报审表。

（4）审查费用索赔报审表。需要施工单位进一步提交详细资料时，应在施工合同约定的期限内发出通知。

（5）与建设单位和施工单位协商一致后，在施工合同约定的期限内签发费用索赔报审表，并报建设单位。

（6）当施工单位的费用索赔要求与工程延期要求相关联时，项目监理机构可提出费用索赔和工程延期的综合处理意见，并应与建设单位和施工单位协商。

4）索赔意向通知书

在工程实施过程中发生索赔事件后，或者施工单位发现索赔机会后，首先提出索赔意向通知书，这是施工索赔工作程序的第一步。应包括以下主要内容：

① 说明索赔事件的发生时间、地点、简单事实情况描述和发展动态；

② 索赔依据和理由；

③ 索赔事件的不利影响等。

5）项目监理机构处理索赔的资料

① 索赔事件发生过程的详细原始资料；

② 合同约定的原则和证据；

③ 索赔事件的原因、责任的分析材料；

④ 核查索赔事件发生工作量（施工单位、监理单位、建设单位三方共同确认）；

⑤ 索赔费用计算方法与必备的证明材料。

6）索赔报告的审查

索赔报告审查的基本内容如下所述。

（1）索赔事件是否真实、证据是否确凿。索赔针对的事件必须实事求是，有确凿的证据，令对方无可推卸和辩驳。对事件叙述要清楚明确，不应使用“可能”“也许”等估计猜测性语言。

（2）计算索赔费用是否合理、准确。要将计算的依据、方法、结果详细说明列出。

（3）责任分析是否清楚。一般索赔所针对的事件都是由于非施工单位责任而引起的，因此，在索赔申请报告中必须明确对方负全部责任，而不得用含糊的语言。

（4）是否说明事件的不可预见性和突发性。索赔报告应说明施工单位对它不可能有准备，也无法预防，并且施工单位为了避免和减轻该事件的影响和损失已尽了最大的努力，采取了能够采取的措施。

（5）是否明确阐述由于干扰事件的影响，使施工单位的施工受到严重干扰，并为此增加了支出，拖延了工期，表明干扰事件与索赔有直接的因果关系。

（6）索赔报告中所列举事实、理由、影响等的证明文件和证据是否充分、可靠。

（7）索赔报告中计算书明细是否详尽，这是证实索赔金额的真实性而设置的，为了简明可以大量运用图表。

7）索赔费用的审查

（1）审查索赔费用成立的条件

项目监理机构批准施工单位费用索赔应同时满足下列条件：

① 施工单位在施工合同约定的期限内提出费用索赔；

② 索赔事件是因非施工单位原因造成的，且符合施工合同约定；

③ 索赔事件造成施工单位直接经济损失。

（2）审查索赔费用主要包括的项目

① 人工费；

② 材料费；

③ 施工机械使用费；

④ 工地管理费；

⑤ 利息；

⑥ 总部管理费；

⑦ 分包费用；

⑧ 利润。

（3）审查索赔费用不包括的项目

需要注意：施工索赔中以下几项费用是不允许索赔的。

① 施工单位对索赔事项的发生原因负有责任的有关费用；

② 施工单位对索赔事项未采取减轻措施，因而扩大的损失费用；

③ 施工单位进行索赔工作的准备费用；

④ 索赔款在索赔处理期间的利息；

⑤ 工程有关的保险费用。

（4）审查索赔费用的计算方法

① 分项法；

② 总费用法；

③ 修正总费用法。

8）索赔审查报告的编写

《监理规范》规定，施工单位在递交费用索赔报审表（监理表-30）时，应附上索赔金额计算以及证明材料。当总监签发索赔报审表时可附《索赔审查报告》作为支持材料。

《索赔审查报告》内容：包括受理索赔的日期，索赔要求、索赔过程、确认的索赔理由及合同依据、批准的索赔金额及其计算方法等。

8. 竣工结算款审查

（1）竣工结算审查程序

项目监理机构应按下列程序进行竣工结算款审核。

① 专业监理工程师审查施工单位提交的竣工结算款支付申请，提出审查意见。

② 总监对专业监理工程师的审查意见进行审核，签认后报建设单位审批，同时抄送施工单位，并就工程竣工结算事宜与建设单位、施工单位协商；达成一致意见的，根据建设单位审批意见向施工单位签发竣工结算款支付证书；不能达成一致意见的，应按施工合同约定处理。

（2）竣工结算款审查的内容

经审查核定的工程竣工结算是核定建设工程造价的依据，也是建设项目验收后编制竣工决算和核定新增固定资产价值的依据。

① 核对合同条款；

② 根据合同类型，采用不同的审查方法，如总价合同、单价合同、成本加酬金合同等不同合同类型；

③ 核对递交程序和资料的完备性；

④ 检查隐蔽验收记录；

⑤ 核实设计变更、现场签证、索赔事项及价款；

⑥ 核实工程量；

⑦ 严格执行单价；

⑧ 注意各项费用计取；

⑨ 防止各种计算误差。

（3）竣工结算款的计算审查

① 分部分项工程费的计算；

② 措施项目费的计算；

③ 其他项目费的计算，包括计日工、暂估价、总承包服务费、索赔事件产生的费用、现场签证发生的费用、暂列金额等；

④ 规费和税金的计算；

⑤ 单位工程竣工结算汇总内容可按《清单计价规范》表-07 编制，表 3-17 为单位工程竣工结算汇总表。

表 3-17 单位工程竣工结算汇总表

工程名称： 标段： 第 页 共 页

序号	汇总内容	金额（元）
1.	分部分项工程	
1.1		
1.2		

（续表）

序号	汇总内容	金额（元）
1.3		
2.	措施项目	
2.1	其中：安全文明施工费	
3.	其他项目	
3.2	其中：计日工	
3.3	其中：总承包服务费	
3.4	索赔与现场签证	
4.	规费	
5.	税金	
竣工结算总价合计=1+2+3+4+5		

注：单位工程也可使用本表划分

3.20　案例分析

【案例 1】

某建筑工程的合同承包价为 489 万元，工期为 8 个月，工程预付款占合同承包价的 20%，主要材料及预制构件价值占工程总价的 65%，保留金占工程总费的 5%。该工程每月实际完成的产值及合同价款调整增加额如表 3-18 所示。

表 3-18　某工程实际完成产值及合同价款调整增加额

月份	1	2	3	4	5	6	7	8	合同价款调整增加额/万元
完成产值/万元	25	36	89	110	85	76	40	28	67

【问题】

1. 该工程应支付多少工程预付款?
2. 该工程预付款起扣点为多少?
3. 该工程每月应结算的工程进度款及累计拨款分别为多少?
4. 该工程应付竣工结算价款为多少?
5. 该工程保留金为多少?
6. 该工程 8 月份实付竣工结算价款为多少?

【参考答案】

1. 工程预付款=489 万元×20%=97.8（万元）
2. 工程预付款起扣点=489−97.8/65%=338.54（万元）
3. 每月应结算的工程进度款及累计拨款如下：

1 月份应结算工程进度款 25 万元，累计拨款 25 万元。

2 月份应结算工程进度款 36 万元，累计拨款 61 万元。

3 月份应结算工程进度款 89 万元，累计拨款 150 万元。

4月份应结算工程进度款110万元，累计拨款260万元。

5月份应结算工程进度款85万元，累计拨款345万元。

因5月份累计拨款已超过338.54万元的起扣点，所以，应从5月份的85万元进度款中扣除一定数额的预付款。

超过部分=（345−338.54）万元=6.46（万元）

5月份结算进度款=（85−6.46）万元+6.46万元×（1−65%）=80.80（万元）

5月份累计拨款=（260+80.80）万元=340.80（万元）

6月份应结算工程进度款=76万元×（1−65%）=26.6（万元）

6月份累计拨款367.40万元

7月份应结算工程进度款=40万元×（1−65%）=14（万元）

7月份累计拨款381.40万元

8月份应结算工程进度款=28万元×（1−65%）=9.80（万元）

8月份累计拨款391.2万元，加上预付款97.8万元，共拨付工程款489万元

4. 竣工结算价款=合同总价+合同价调整增加额=489+67=556（万元）

5. 保留金=556万元×5%=27.80（万元）

6. 8月份实付竣工结算价款=（9.80＋67−27.80）万元=49（万元）

【案例2】

某综合楼工程采用工程量清单进行招标。《招标文件》规定：回填土取土地点由投标单位在距工地20公里范围内自定。但由于该施工单位在投标文件中原定的地点A处（距工地10公里）的回填土质量不满足填土密实度要求，施工单位另外采购了B处（距工地16公里）符合填土要求的土方。由于填土工程延误，造成了关键线路上地下室底板浇筑工期延后10天。在进行地下室大体积混凝土浇筑时，泵送混凝土设备的管道爆裂，处理该事故又延误工期3天。进入主体结构施工时，由于建设单位的原因推迟15天提交主体结构图纸。工程进展至屋面时遇到10级台风袭击，造成停电5天无法施工。

【问题】

1. 施工单位提出工期索赔33天是否成立？请计算应该补偿施工单位的索赔工期有几天？并说明理由。

2. 由于回填土的供应距离增加，施工单位向项目监理机构呈报了费用索赔申请，将原投标单价的土方单价增加了10%以弥补路途增加的成本。该费用索赔是否成立？试说明理由。

3. 施工单位提出33天窝工损失索赔，是否合理？试说明理由。

【参考答案】

1. 工期索赔33天不成立。工期索赔的理由必须是非施工单位自身原因。解释如下：

① 填土质量原因造成的10天延误不予赔偿。因为施工单位包工包料以综合单价报价，原材料供应情况是一个有经验的施工单位应该自主合理选择的。

② 泵送混凝土设备出现意外，延误3天不予赔偿。因为这属于施工单位应该承担的风险。施工单位必须提供保证正常使用的设备投入施工。

③ 建设单位迟交图纸延误的工期15天给予赔偿。因为这是建设单位的责任造成的损失。

④ 10 级台风造成的工期延误 5 天给予赔偿。因为这是施工单位无法预见的自然灾害。

根据以上分析，索赔工期天数为 20 天（15 天+5 天）。

2. 该项费用索赔不成立。施工单位应该对招标文件进行充分理解，对自己的报价完备性负责。解释如下：

① 填土质量是一个有经验的施工单位能够合理预见的。填土质量应符合图纸规范要求。

② 合同文件采用工程量清单综合单价报价，不能因此而改变已报的单价。

③ 填土取土地点变化，运距成本加大使其综合单价提高属于施工单位自身应承担的责任。

3. 窝工造成的损失给施工单位带来的是人工费和机械费的损失。

① 由于建设单位的原因推迟 15 天提交主体结构图纸造成的窝工可考虑，包括人工费和机械费降效增加费，具体费用按《施工合同》执行。

② 台风引起的窝工属于自然灾害造成的损失。施工单位和建设单位等各自承担自身的窝工损失。

子任务五　合同管理

通过本任务的学习，掌握施工过程中合同管理的主要内容，包括合同台账的建立、工程暂停及工程复工的程序和标准；掌握工程变更要点，学会整理工程索赔需要的证明材料。

1. 合同台账的建立。
2. 工程暂停令的编写。
3. 工程变更程序。
4. 工程索赔证明材料。

PPT

习题

自测题

3.21　合同台账的建立

（1）在建设工程施工阶段，相关各方所签订的合同数量较多，而且在合同的执行过程中，有关条件及合同内容也可能会发生变更，因此，为了有效地进行合同管理，项目监理机构首先应建立合同台账。

（2）建立合同台账，要全面了解各类合同的基本内容、合同管理要点、执行程序等，然后进行分类，用表格的形式动态地记录下来。

（3）建立合同管理台账时应注意以下几点。

① 建立时要分好类，可按专业分类，如工程、咨询服务、材料设备供货等；

② 要事先制作模板，分总台账和明细统计表；

③ 由专人负责跟踪进行动态填写和登记，同时要有专人进行检查、审核填写结果；

④ 要定期对台账研究、分析、发现问题及时解决，推动合同管理系统化、规范化。

相关合同台账实例见表 3-19～表 3-21。

表 3-19　××项目合同管理台账（工程类）

序号	合同号	合同名称	合同种类	施工单位	工程管理							工程款支付情况				工程范围	
					合同工期（天）	计划开工时间	开工令	实际开工时间	合同完工日期	实际完工日期	工程延期批复	合同金额	付款方式	请款记录	已支付工程款（%）	现场负责人	主要施工范围

工程过程管理与影像记录				工程资料管理						保修年限	保修截止日期	违约处罚	备注
对外来往函件	安全文明施工管理	质量管理	进度管理	施工图纸签发	设计变更管理	技术联系单管理	施工方案报审情况	工程签证管理	竣工资料报审情况				

表 3-20　××项目合同管理台账（咨询类）

序号	合同号	合同名称	合同种类	承接单位	工程管理							请款情况			工程资料管理		违约处理	备注
					合同工期（天）	计划开工时间	开工通知	实际开工时间	合同完工日期	实际完工日期	工程延期批复（天）	合同金额	付款方式	已支付工程款（%）	对外来往函件	施工方案报审情况		

表 3-21 ××项目合同管理台账（供货类）

序号	合同号	合同名称	合同种类	供货单位	工程管理						
					合同工期（天）	计划开工时间	供货通知	实际开工时间	合同完工日期	实际完工日期	工程延期批复（天）

请款情况			工程范围		工程资料管理				保修期	违约处罚	备注
合同金额	付款方式	已支付工程款（%）	现场负责人	主要施工范围	对外来往函件	施工样板报审情况	施工方案报审情况	竣工资料报审情况			

3.22 工程暂停及复工

1. 工程暂停的条件

项目监理机构发现下列情形之一，总监应及时签发工程暂停令。

① 建设单位要求暂停施工且工程需要暂停施工的；

② 施工单位未经批准擅自施工或拒绝项目监理机构管理的；

③ 施工单位未按审查通过的工程设计文件施工的；

④ 施工单位违反工程建设强制性标准的；

⑤ 施工存在重大质量、安全事故隐患或发生质量、安全事故的。

2. 工程暂停及复工监理程序（见图 3-9）

3. 处理工程暂停的要求

（1）总监在签发工程暂停令时，可根据停工原因的影响范围和影响程度，确定停工范围，并应按施工合同和建设工程监理合同的约定签发工程暂停令。

（2）总监签发工程暂停令应事先征得建设单位同意，在紧急情况下未能事先报告时，应在事后及时向建设单位作出书面报告。

（3）暂停施工事件发生时，项目监理机构应如实记录所发生的情况。

（4）总监应会同有关各方按照施工合同约定，处理因工程暂停引起的与工期、费用有关的问题。

（5）因施工单位原因暂停施工时，项目监理机构应检查、验收施工单位的停工整改过程、结果。

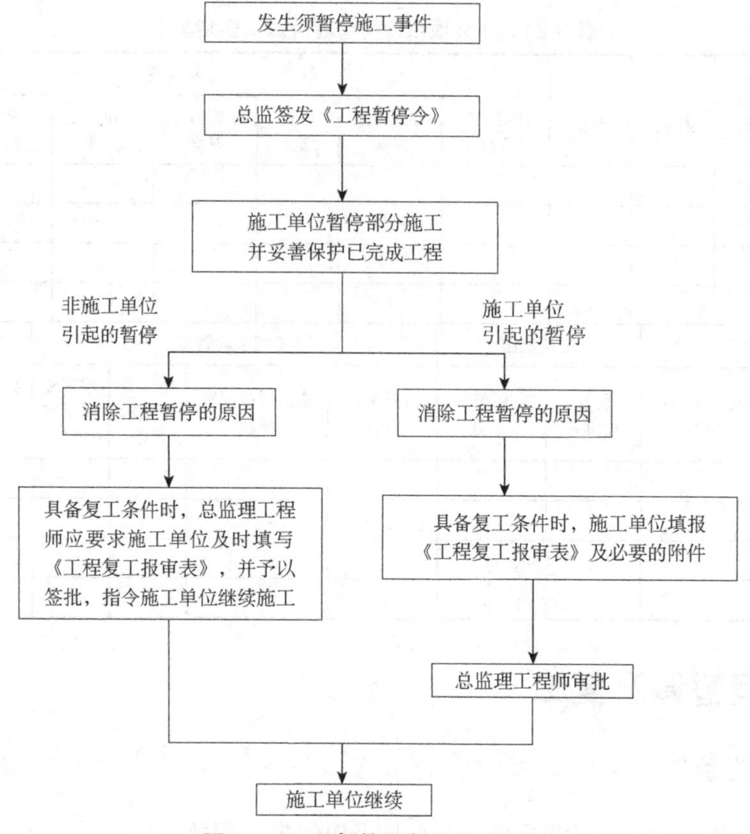

图 3-9　工程暂停及复工监理程序

（6）工程暂停令应按监理表-5 的要求填写。

4. 工程复工的程序

（1）当暂停施工原因消失、具备复工条件时，施工单位提出复工申请的，项目监理机构应审查施工单位报送的工程复工报审表及有关材料，符合要求后，总监应及时签署审查意见，并应报建设单位批准后签发工程复工令。

（2）施工单位未提出复工申请的，总监应根据工程实际情况指令施工单位恢复施工。

（3）工程复工报审表应按监理表-6 的要求填写，工程复工令应按监理表-7 的要求填写。

3.23　建设工程施工合同管理

1. 工程变更

（1）工程变更的形式

① 更改工程有关部分的标高、基线、位置和尺寸；

② 增减合同中约定的工程量；

③ 增减合同中约定的工程内容；

④ 改变工程质量、性质或工程类型；

⑤ 改变有关工程的施工顺序和时间安排；

⑥ 为使工程竣工而必须实施的任何种类的附加工作。

（2）工程变更的处理

① 设计单位提出变更的，应提出工程变更申请并附工程变更的方案，报建设单位，建设单位批准后发至项目监理机构，由监理下发至施工单位并监督实施；建设单位不批准，该变更不能实施。

② 建设单位提出变更的，应将此变更建议发给设计单位。设计单位审核报来的方案，经确认并签字盖章后发给建设单位，建设单位发给项目监理机构，项目监理机构发给施工单位并监督实施。

③ 施工单位提出工程变更的，有变更方案且建设、监理、设计均同意实施方案的，按如下流程进行：施工单位→监理单位→建设单位→设计单位（签字盖章）→建设单位→监理单位→施工单位并监督实施。

④ 施工单位提出工程变更的，无变更方案且建设、监理、设计均同意的，由设计单位出方案签字盖章后发出，并由项目监理机构发给施工单位并监督实施。

（3）工程变更的原则

① 设计文件是建设项目和组织施工的主要依据，设计文件一经批准，不得任意变更。只有工程变更按规定审批权限得到批准后，才可组织施工。

② 工程变更必须坚持高度负责的精神与严格的科学态度，在确保工程质量标准的前提下，对于降低工程造价、节约用地、加快施工进度等方面有显著效益时，应考虑工程变更。

③ 工程变更，事先应周密调查，备有图文资料，其要求与现设计文件相同，以满足施工需要，并详细申述变更设计理由、变更方案（附上简图及现场图片）、与原设计的技术经济比较（无单价的填写预算费用），按照规定的审批权限，报请审批，未经批准的不得变更。

④ 工程变更的图纸设计要求和深度等与原设计文件相同。

（4）项目监理机构处理工程变更的程序

项目监理机构可按下列程序处理施工单位提出的工程变更：

① 总监组织专业监理工程师审查施工单位提出的工程变更申请，提出审查意见。对涉及工程设计文件修改的工程变更，应由建设单位转交原设计单位修改工程设计文件。必要时，项目监理机构应建议建设单位组织设计、施工等单位召开专题会议，论证工程设计文件的修改方案。

② 总监组织专业监理工程师对工程变更费用及工期影响作出评估。

③ 总监组织建设单位、施工单位等共同协商确定工程变更费用及工期变化，会签工程变更单。

④ 项目监理机构根据批准的工程变更文件监督施工单位实施工程变更。无总监或其代表签发的设计变更令，施工单位不得做任何工程设计和变更，否则项目监理机构不予计量和支付。

（5）处理工程变更的要求

① 项目监理机构可在工程变更实施前与建设单位、施工单位等协商确定工程变更的计价原则、计价方法或价款。

② 建设单位与施工单位未能就工程变更费用达成协议时，项目监理机构可提出一个暂定

价格并经建设单位同意，作为临时支付工程款的依据。工程变更款项最终结算时，应以建设单位与施工单位达成的协议为依据。

③ 项目监理机构可对建设单位要求的工程变更提出评估意见，并应督促施工单位按照会签后的工程变更单组织施工。

例如，在桥梁工程施工的过程中，如果项目的相关方要求进行工程的变更时，必须向桥梁的工程监理部门提出变更的相关申请要求，对于变更的目的与相关的变更点，必须向有关的监理提供有效的资料。监理部门对变更提出方要求的变更进行仔细考证，并对其变更的原因、可行性、必要性及相关的影响进行分析并确认。同时对于由于变更而引起的在施工过程中所存在的各项费用及其他方面的要求应依照合同严格执行。

2. 费用索赔管理

1）索赔产生的原因

① 当事人违约；

② 不可抗力或不利的物质条件；

③ 合同缺陷；

④ 合同变更；

⑤ 监理通知单；

⑥ 其他第三方原因。

2）索赔的处理原则

（1）以合同为依据

根据我国有关规定，合同文件能互相解释、互为说明。除合同另有约定外，其组成和解释顺序如下：

① 合同协议书；

② 中标通知书；

③ 投标书及其附件；

④ 本合同专用条款；

⑤ 本合同通用条款；

⑥ 标准、规范及有关技术文件；

⑦ 施工图纸；

⑧ 工程量清单；

⑨ 工程报价单或预算书。

（2）注意造价资料积累

（3）及时、合理地处理索赔和反索赔

（4）加强索赔的前瞻性，有效避免过多索赔事件的发生

3）注重索赔证据的有效性

《建设工程施工合同（示范文本）》中规定，当一方向另一方提出索赔时，要有正当索赔

理由，且有索赔事件发生时的有效证据。

（1）对索赔证据的要求

①真实性；

②全面性；

③关联性；

④及时性；

⑤具有法律证明效力。

（2）常见的索赔证据

① 招标文件、工程合同及附件、施工组织设计、工程图纸、技术规范等；

② 工程各项有关设计交底记录、变更图纸、变更施工指令等；

③ 工程各项经建设单位或监理工程师签认的签证；

④ 工程各项往来信件、指令、信函、通知、答复；

⑤ 例会和专题会的会议纪要；

⑥ 施工计划及现场实施情况记录；

⑦ 施工日记及工长工作日志、备忘录；

⑧ 工程送电、送水、道路开通、封闭的日期及数量记录；

⑨ 工程停电、停水和干扰事件影响的日期及恢复施工的日期；

⑩ 工程预付款、进度款拨付的数额及日期记录；

⑪ 图纸变更、交底记录的送达份数及日期记录；

⑫ 工程有关施工部位的照片及录像等；

⑬ 工程现场气候记录，有关天气的温度、风力、雨雪等；

⑭ 工程验收报告及各项技术鉴定报告等；

⑮ 工程材料采购、订货、运输、进场、验收、使用等方面的凭据；

⑯ 工程会计核算资料；

⑰ 国家、省、市有关影响工程造价、工期的文件、规定等。

4）施工单位向建设单位索赔的原因

① 合同文件内容出错引起的索赔；

② 由于设计图纸延迟交付施工单位造成索赔；

③ 由于不利的实物障碍和不利的自然条件引起索赔；

④ 由于建设单位提供的水准点、基线等测量资料不准确造成的失误与索赔；

⑤ 施工单位依据建设单位意见，进行额外钻孔及勘探工作引起索赔；

⑥ 由建设单位风险所造成的损害的补救和修复所引起的索赔；

⑦ 因施工中施工单位开挖到化石、文物、矿产等珍贵物品，要停工处理引起的索赔；

⑧ 由于需要加强道路与桥梁结构以承受“特殊超重荷载”而索赔；

⑨ 由于建设单位雇佣其他施工单位的影响，并为其他施工单位提供服务提出索赔；

⑩ 由于额外样品与试验而引起索赔；

⑪ 由于对隐蔽工程的揭露或开孔检查引起的索赔；

⑫ 由于建设单位要求工程中断而引起的索赔；
⑬ 由于建设单位延迟移交土地引起的索赔；
⑭ 由于非施工单位原因造成了工程缺陷需要修复而引起的索赔；
⑮ 由于要求施工单位调查和检查缺陷而引起的索赔；
⑯ 由于非施工单位原因造成的工程变更引起的索赔；
⑰ 由于变更合同总价格超过有效合同价的 15%而引起索赔；
⑱ 由于特殊风险引起的工程被破坏和其他款项支出而提出的索赔；
⑲ 因特殊风险使合同终止后的索赔；
⑳ 因合同解除后的索赔；
㉑ 建设单位违约引起工程终止等的索赔；
㉒ 由于物价变动引起的工程成本的增减的索赔；
㉓ 由于后继法规的变化引起的索赔；
㉔ 由于货币及汇率变化引起的索赔等。

5）施工索赔提交的证明材料

施工索赔提交的证明材料，包括（但不限于）：
① 合同文件（施工合同、采购合同等）；
② 项目监理机构批准的施工组织设计、专项施工方案、施工进度计划；
③ 合同履行过程中的来往函件；
④ 建设单位和施工单位的有关文件；
⑤ 施工现场记录；
⑥ 会议纪要；
⑦ 工程照片；
⑧ 工程变更单；
⑨ 有关监理文件资料（监理记录、监理工作联系单、监理通知单、监理月报等）；
⑩ 工程进度款支付凭证；
⑪ 检查和试验记录；
⑫ 汇率变化表；
⑬ 各类财务凭证；
⑭ 其他有关资料。

6）项目监理机构处理施工单位提出的费用索赔的程序

① 受理施工单位在施工合同约定的期限内提交的费用索赔意向通知书。
② 收集与索赔有关的资料。
③ 受理施工单位在施工合同约定的期限内提交的费用索赔报审表。
④ 审查费用索赔报审表。需要施工单位进一步提交详细资料的，应在施工合同约定的期限内发出通知。
⑤ 与建设单位和施工单位协商一致后，在施工合同约定的期限内签发费用索赔报审表，

并报建设单位。费用索赔报审表应按监理表-30的要求填写。

7）项目监理机构处理费用索赔的主要依据

① 法律法规；
② 勘察设计文件、施工合同文件；
③ 工程建设标准；
④ 索赔事件的证据。

8）项目监理机构批准施工单位费用索赔应同时满足的条件

① 施工单位在施工合同约定的期限内提出费用索赔；
② 索赔事件是因非施工单位原因造成，且符合施工合同约定；
③ 索赔事件造成施工单位直接经济损失。

9）处理索赔的要求

① 项目监理机构应及时收集、整理有关工程费用的原始资料，为处理费用索赔提供证据；

② 当施工单位的费用索赔要求与工程延期要求相关联时，项目监理机构可提出费用索赔和工程延期的综合处理意见，并应与建设单位和施工单位协商；

③ 因施工单位原因造成建设单位损失，建设单位提出索赔时，项目监理机构应与建设单位和施工单位协商处理。

3. 工程延期及工期延误管理

（1）项目监理机构批准工程延期应同时满足的条件
① 施工单位在施工合同约定的期限内提出工程延期；
② 因非施工单位原因造成施工进度滞后；
③ 施工进度滞后影响到施工合同约定的工期。

（2）申报工程延期的原因

由于以下原因导致工程拖期，施工单位有权提出延长工期的申请，总监应按合同规定，批准工程延期时间。

① 总监发出工程变更指令而导致工程量增加；

② 合同所涉及的任何可能造成工程延期的原因，如延期交图、工程暂停、对合格工程的剥离检查及不利的外界条件；

③ 异常恶劣的气候条件；

④ 由建设单位造成的任何延误、干扰或障碍，如未及时提供施工场地、未及时付款等；

⑤ 除施工单位自身以外的其他任何原因。

（3）工程临时延期报审程序

① 施工单位在施工合同规定的期限内，向项目监理机构提交对建设工程的延期（工期索赔）申请表或意向通知书；

② 总监指定专业监理工程师收集与延期有关的资料；

③ 施工单位在承包合同规定的期限内向项目监理机构提交《工程临时延期报审表》；

④ 总监指定专业监理工程师初步审查《工程临时延期报审表》是否符合有关规定；

⑤ 总监进行延期核查，并在初步确定延期时间后，与施工单位及建设单位进行协商；

⑥ 总监应在施工合同规定的期限内签署《工程临时延期审批表》。

（4）工程延期的审批程序

工程延期的审批程序如图 3-10 所示。

① 当工程延期事件发生后施工单位应在合同规定的有效期内以书面形式通知项目监理机构（即工程延期意向通知），以便于项目监理机构尽早了解所发生的事件，及时作出一些减少延期损失的决定。

② 施工单位应在合同规定的有效期内（或项目监理机构可能同意的合理期限内）向项目监理机构提交详细的申述报告（延期理由及依据）。项目监理机构收到该报告后应及时进行调查核实，准确地确定出工程延期时间。

③ 当延期事件具有持续性或一时难以作出结论时，施工单位在合同规定的有效期内不能提交最终详细的申述报告时，应先向项目监理机构提交阶段性的详情报告。

项目监理机构应在调查核实阶段性报告的基础上，尽快作出延长工期的临时决定。临时决定的延期时间不宜太长，一般不超过最终批准的延期时间。

④ 待延期事件结束后，施工单位应在合同规定的期限内向项目监理机构提交最终的详情报告。项目监理机构应复查详情报告的全部内容，然后确定该延期事件所需要的延期时间。

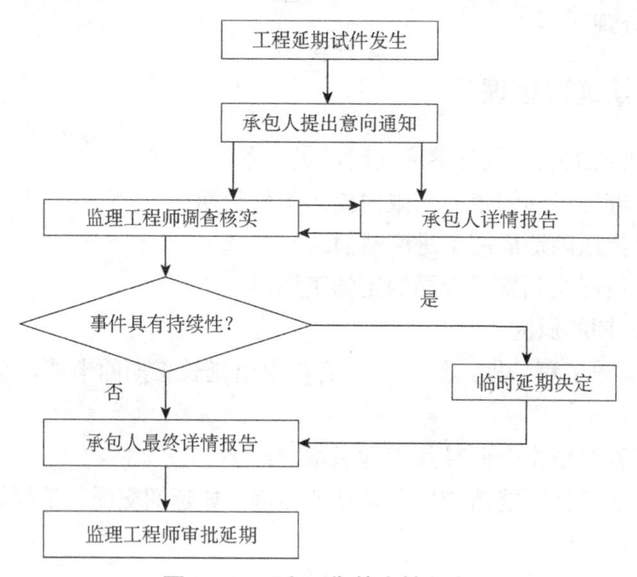

图 3-10　工程延期的审批程序

（5）工程延期的审批原则

① 必须符合合同条件；

② 实际影响了总工期；

③ 根据实际情况确定延期。

（6）项目监理机构处理工程延期及工期延误的要求

① 施工单位提出工程延期要求符合施工合同约定时，项目监理机构应予以受理。

② 当影响工期事件具有持续性时，项目监理机构应对施工单位提交的阶段性工程临时延期报审表进行审查，并应签署工程临时延期审核意见后报建设单位。当影响工期事件结束后，项目监理机构应对施工单位提交的工程最终延期报审表进行审查，并应签署工程最终延期审核意见后报建设单位。

③ 项目监理机构在作出工程临时延期批准和工程最终延期批准之前，均应与建设单位和施工单位协商。

④ 施工单位因工程延期提出费用索赔时，项目监理机构可按施工合同约定进行处理。

⑤ 发生工期延误时，项目监理机构应按施工合同约定进行处理。

4. 施工合同争议与解除

（1）项目监理机构处理施工合同争议时应进行工作

① 了解合同争议情况；

② 及时与合同争议双方进行磋商；

③ 提出处理方案后，由总监进行协调；

④ 当双方未能达成一致时，总监应提出处理合同争议的意见；

⑤ 项目监理机构在施工合同争议处理过程中，对未达到施工合同约定的暂停履行合同条件的，应要求施工合同双方继续履行合同；

⑥ 在施工合同争议的仲裁或诉讼过程中，项目监理机构应按仲裁机关或法院要求提供与争议有关的证据。

（2）施工合同争议的解决方式

合同争议的解决方式有和解、调解、仲裁、诉讼四种。其中和解、调解没有强制执行的法律效力，要靠当事人的自觉履行。

① 和解是解决争议的最佳方式。

② 调解是解决争议的很好方式。

③ 仲裁又称公断，是指由双方当事人协议将争议提交第三方，由该第三方机构对争议内容作出裁决的一种解决争议的方法。

我国采用或裁或审制度，也就是说某一经济纠纷，或者到法院诉讼，或者选择仲裁。

④ 诉讼是对争议的最终解决方式。

以上四种方式中，和解、调解有利于消除合同当事人的对立情绪，能够较经济、及时解决纠纷；仲裁、诉讼是使纠纷的解决具有法律约束力，是解决纠纷的最有效的解决方式。但相对于和解、调解必须付出仲裁费和诉讼费等相应费用和一定的时间。

5. 合同解除的种类

1）合同的解除类型

① 约定解除合同；

② 法定解除合同。

约定解除与法定解除的区别在于：约定解除则是双方的法律行为，单方行为不能导致合同的解除；法定解除是法律直接规定解除合同的条件，当条件具备时解除权人可直接行使解除权。

2）施工合同解除的程序

（1）因建设单位原因导致施工合同解除时，项目监理机构应按施工合同约定与建设单位和施工单位按下列款项协商确定施工单位应得款项，并应签发工程款支付证书。

① 施工单位按施工合同约定已完成的工作应得款项；

② 施工单位按批准的采购计划订购工程材料、构配件、设备的款项；

③ 施工单位撤离施工设备至原基地或其他目的地的合理费用；

④ 施工单位人员的合理遣返费用；

⑤ 施工单位合理的利润补偿；

⑥ 施工合同约定的建设单位应支付的违约金。

（2）因施工单位原因导致施工合同解除时，项目监理机构应按照施工合同约定，从下列款项中确定施工单位应得款项或偿还建设单位的款项，并应与建设单位和施工单位协商后，书面提交施工单位应得款项或偿还建设单位款项的证明。

① 施工单位已按施工合同约定实际完成的工作应得款项和已给付的款项；

② 施工单位已提供的材料、构配件、设备和临时工程等的价值；

③ 对已完工程进行检查和验收、移交工程资料、修复已完工程质量缺陷等所需的费用；

④ 施工合同约定的施工单位应支付的违约金。

（3）因非建设单位、施工单位原因导致施工合同解除时，项目监理机构应按施工合同约定处理合同解除后的有关事宜。

6. 施工合同管理的相关工作

开展施工合同管理时，为减少合同纠纷的发生，项目监理机构应注意加强以下几方面的工作。

1）复查合同文件，预先解决合同文件的矛盾和歧义

项目监理机构在开展工作之前应认真研究合同文件并进行复查，找出合同各种文件存在的矛盾或含糊不清之处。如合同通用条件和专用条件之间的差异、技术规范与施工图之间的不同、勘察设计资料与实际工程水文和地质条件之间的差异、遗漏和矛盾等，应尽快做出合理解释，并以书面形式通知建设单位和施工单位，避免双方在合同执行期间因此产生纠纷。

2）及时提供确切无误的有关资料

要按合同规定时限和程序向施工单位提交应得资料，包括图纸、变更令、通知、指令等，避免因工作失误产生合同纠纷。项目监理机构在全面研究合同文件后，应对资料提供时间、程序和备忘录等做出规定，并在资料提交给施工单位前，组织有关专业监理工程师复查，确保资料准确无误。

3）给施工单位工作提示

关注和预测可能发生的意外风险和不可预见的障碍，较早地给予施工单位提示。如提示详细调查地下管线分布、对地质情况异常进一步验证、注重某一阶段的气象情况等，使施工单位及时采取措施以避免工程的延误。

4）提示建设单位按期完成应尽义务

项目监理机构要做好建设单位的参谋，及时提示建设单位按照合同规定的时限完成拆迁，提交永久占地（临时占地）和设计图纸，支付工程款等各项合同义务，避免因建设单位工作失误产生合同纠纷。

5）加强计划管理

批复施工单位进度计划时要有一定的预见性和留有余地。在工程实施期间，应关注施工单位的月度进度计划的执行情况，及时调整施工安排，避开可能发生的延误事件。如果延误事件无法避免，应迅速提出减少施工单位可能遭受损失的措施。

6）认真审批施工组织设计，协调施工单位之间的交叉作业

在审批施工组织设计时，对其施工工序和工艺进行重点审查，防止出现不符合合同要求和规范的情况，以免因工作失误产生合同纠纷。

在工程施工期间存在着各合同段施工单位之间相互合作、交叉作业的问题，并可能因此产生对双方不利的影响。项目监理机构可以通过施工方案和进度计划的调整，在时间和空间上避免双方的冲突或干扰。

7）及时、准确处理延期和索赔

对于施工单位提出的延期和索赔的要求，项目监理机构要及时、准确地提出处理意见，以便施工单位能合理安排后续工作，避免延期或索赔事件延续。

8）合同履约检查与评价分析

（1）合同履约的检查

合同执行过程中，项目监理机构应加强对合同的履约检查，根据合同条件检查各方履行合同责任义务的情况。

项目监理机构对承包方的合同履约检查主要是检查施工单位履行合同义务的行为及其结果是否符合合同规定的要求。检查可分为预防性检查、见证性检查和结果检查。

检查的目的是及时发现实际与计划或合同约定之间是否存在偏差，得出符合要求或不符合要求的两种结果的信息。

（2）合同履约的评价分析

针对检查的结果，监理机构还应进行分析评价，对不符合要求的行为和结果提出解决方案。分析评价过程如下：

① 对合同履行状况的分析评价；

② 对产生的问题和偏差逐一分析原因；

③ 对产生的问题和偏差进行预测分析；

④ 对产生的问题和偏差逐一分析责任。

(3) 施工合同的管理

进行施工合同管理时，项目监理机构应注意做好以下几个方面的工作。

① 协助建设单位进行合同策划、合同签订；

② 研究合同文件，预防合同纠纷；

③ 细化落实合同事件；

④ 加强工程变更管理。

3.24 案例分析

【案例 1】

某工程下部为钢筋混凝土基础，上面安装设备。建设单位分别与土建、安装单位签订了基础设备安装工程施工合同。两个承包商都编制了相互协调的进度计划。进度计划已得到批准。基础施工完毕，设备安装单位按计划将材料及设备运进现场，准备施工。经检测发现有近 1/8 的设备预埋螺栓位置偏移过大，无法安装设备，须返工处理。安装工作因基础返工而受到影响，安装单位提出索赔要求。

【问题】

1. 安装单位的损失应由谁负责？为什么？

2. 安装单位提出索赔要求，项目监理机构应如何处理？

3. 项目监理机构如何处理本工程的质量问题？

【参考答案】

1. 本题中安装单位的损失应由建设单位负责。

理由：安装单位与建设单位之间具有合同关系，建设单位没有能够按照合同约定提供安装单位施工工作条件，使得安装工作不能够按照计划进行，建设单位应承担由此引起的损失。而安装单位与土建施工单位之间没有合同关系，虽然安装工作受阻是由于土建施工单位施工质量问题引起的，但不能直接向土建施工单位索赔。建设单位可以根据合同规定，再向土建施工单位提出赔偿要求。

2. 对于安装单位提出的索赔要求，项目监理机构应该按照如下程序处理：

① 审核安装单位的索赔申请；

② 进行调查、取证；

③ 判定索赔成立的原则，审查索赔成立条件，确定索赔是否成立；

④ 分清责任，认可合理的索赔额；

⑤ 与施工单位协商补偿额；

⑥ 提出自己的“索赔处理决定”；

⑦ 签发索赔报告，并将处理意见抄送建设单位批准；

⑧ 若批准额度超过项目监理机构权限，应报请建设单位批准；

⑨ 若建设单位提出对土建施工单位的索赔，项目监理机构应提供土建施工单位违约证明。

3. 对于地脚螺栓偏移的质量问题，项目监理机构应首先判断其严重程度，此质量问题为可以通过返修或返工弥补的质量问题；应向土建施工单位发出《监理通知单》责成施工单位写出质量问题调查报告，提出处理方案，填写《监理通知回复单》报项目监理机构审核后批复承包单位处理；施工单位处理过程中项目监理机构监督检查施工处理情况，处理完成后，应进行检查验收，合格后，组织办理移交，交由安装单位进行安装作业。

【案例 2】

某施工单位承揽了一项综合办公楼的总承包工程，在施工过程中发生了如下事件。

事件 1：施工单位与某材料供应商所签订的材料供应合同中未明确材料的供应时间。急需材料时，施工单位要求材料供应商马上将所需材料运抵施工现场，遭到材料供应商的拒绝，两天后才将材料运到施工现场。

事件 2：某设备供应商由于进行设备调试，超过合同约定的期限交付施工单位订购的设备，恰好此时该设备的价格下降，施工单位按下降后的价格支付给设备供应商，设备供应商要求以原价执行，双方产生争执。

事件 3：施工单位与某施工机械租赁公司签订的租赁合同约定的期限已到，施工单位将租赁的机械交还租赁公司并交付租赁费，此时，双方签订的合同终止。

事件 4：该施工单位与某分包单位所签订的合同中明确规定要降低分包工程的质量，从而减少分包单位的合同价格，为施工单位创造更高的利润。

【问题】

1. 事件 1 中材料供应商的做法是否正确？为什么？

2. 根据事件 1，你认为合同当事人在约定合同内容时应包括哪些方面的条款？

3. 事件 2 中施工单位的做法是否正确？为什么？

4. 事件 3 中合同终止的原因是什么？除此之外，还有什么情况可以使合同的权利义务终止？

5. 事件 4 中合同当事人签订的合同是否有效？

6. 在什么情况下可导致合同无效？

【参考答案】

1. 事件 1 中材料供应商的做法正确。

理由：当履行期限不明确的，债务人可以随时履行，债权人也可以随时要求履行，但应当给对方必要的准备时间。

2. 合同当事人在约定合同内容时，应包括以下条款。

当事人的名称或者姓名和住所；标的；数量；质量；价款或者报酬；履行期限、地点和方式；违约责任；解决争议的方法。

3. 事件 2 中施工单位的做法是正确的。

理由：逾期交付标的设备，遇价格上涨时，按照原价格执行；价格下降时，按照新价格执行。

4. 事件 3 中合同终止的原因是债务已经按照约定履行。可以使合同终止的情况还包括：合同解除；债务相互抵消；债权人依法将标的物提存；债权人免除债务；债权债务同归于一人；法律规定或者当事人约定终止的其他情形。

5. 事件 4 中合同当事人签订的合同无效。

6. 导致合同无效的情况有：

① 一方以欺诈、胁迫的手段订立，损害国家利益的合同；
② 恶意串通，损害国家、集体或者第三方利益的合同；
③ 以合法形式掩盖非法目的的合同；
④ 损害社会公共利益的合同；
⑤ 违反法律、行政法规的强制性规定的合同。

任务四　监理资料整理

通过本任务的学习，了解监理机构资料的基本构成，熟悉监理资料的编制与整理，掌握正确使用监理资料，形成对建设监理资料整理归档的基本认识。

1. 监理信息管理。
2. 监理文件资料管理。

PPT

4.1　监理信息管理

1. 信息管理概述

（1）信息管理概念

所谓信息管理是指在开展建设监理工作过程中对信息的收集、加工整理、储存、传递与应用等一系列工作的总称。

（2）信息管理目的

信息管理是监理工作的一项重要内容，贯穿于监理工作的全过程。信息管理的目的是通过有组织的信息交流，使有关人员能及时、准确地获得相应的信息，作为分析、判断、控制、决策的依据，也为工程建成后的运行、管理、缺陷修复积累资料。

（3）信息管理工作原则

① 标准化原则；

② 有效性原则；

③ 定量化原则；

④ 时效性原则；

⑤ 高效处理原则；

⑥ 可预见原则。

（4）信息管理内容

信息管理的内容信息管理的内容一般包括收集、加工、传输、存储、检索、应用六项内容。

① 收集：收集是指对工作中原始信息的收集，是很重要的基础工作。

② 加工：信息加工是信息处理的基本内容，其目的是通过加工为工作提供有用的信息。

③ 传输：传输是指信息借助于一定的载体在监理工作的各参加部门、各单位之间的传输。通过传输，形成各种信息流，畅通的信息流是工作顺利进行的重要保证。

④ 存储：存储是指对处理后的信息的存储。凡需要存储的信息，必须按规定进行分类，按工程信息编码建档存储。

⑤ 检索：监理工作中既然存储了大量的信息，为了查找方便，就需要拟定一套科学的、查找迅速的方法和手段，这就称之为信息的检索。已存储的信息，应管理有序、便于检索。

⑥ 应用：是指将信息按照需要编印成各类数据、报表和文件格式，以纸质或电子文档形式加以呈现，以供管理工作中使用。

2. 监理信息管理

1）监理信息管理的意义

监理信息管理是建设项目监理“三控两管一协调”，并履行建设工程安全生产管理的法定职责的重要内容之一，随着建设监理业务规范化管理的不断加强和细化，监理市场环境竞争的激烈，监理信息管理（以下简称信息管理）的作用显得越来越重要。管好、用好监理信息，能够促进监理业务经营和现场监理工作的开展，对监理工作管理水平和业务技能的提高具有推动作用。

2）监理信息管理任务

① 组织项目基本情况信息的收集并系统化，编制项目信息管理实施细则或手册；

② 明确项目报告、报表及各种资料的规定，例如文件资料的格式、表式、内容、数据结构及字体、字号等要求；

③ 按照项目监理工作过程建立项目监理信息系统流程，在实际工作中保证这个系统正常运行，并控制信息流；

④ 信息管理资料的档案管理。

3）监理信息管理的收集要求

（1）及时收集不同来源的监理信息

监理信息来源可包括文件、档案、监理报表及计算机辅助文档四方面。

① 文件信息主要是在工程建设过程中，上级有关部门的文件、工程前期有关文件、设计变更及工程内部文件。

② 档案信息主要是记录各种文件办理完成后，根据其特征、相互联系和保存价值等分类

整理，根据文件的作者、内容、时间和形成的自然规律等特征组卷。

③ 监理报表信息主要有开工用报表、监理工程师巡视记录表、质量管理用报表、安全管理用报表、计量与支付用报表及工程进度用表。这些表格是监理工作常用报表，反映了监理工作的开展及工程进展情况，应注意报表信息的收集和整理。

④ 计算机辅助文档主要是监理机构书面发出的会议纪要、通知、联系单、函告，监理业务开展过程形成的监理日记、月报、专题报告、龄理报表、影像、总结及工程质量评估报告等以电子文件形式存在、储存的各种文档资料。

（2）保证收集到的监理信息的质量

信息管理工作的质量好坏，很大程度上取决于原始资料的全面性和可靠性。因此，建立一套完善的信息采集制度是极其必要的。信息的收集工作必须把握信息来源，做到收集及时、准确。

（3）建立监理信息管理制度和纪律

① 送往建设单位及有关部门（包括通过建设单位送往设计及外部相关方）的文件，应有签收记录，对于重要的文件资料应做书面备份。

② 送往施工单位的文件，必须由施工单位专管人员或领导签收。

③ 以《工作联系单》形式送往建设单位、设计单位或施工单位的非正式文件，用于对某些局部、具体事项进行协调，提请注意或要求了解、要求配合等用途。

④ 项目监理机构的所有正式发出文件需在总监（或总监代表）审查批准后，由项目监理机构办公室负责传递、登记和发送；所有正式收到文件都必须经监理机构专人答收，并统一填写文件处理流程卡，按职责和流程处理。对于重要的文件资料应整理备份。为了便于专业人员查找，文件资料要分类合理和有序存放，文件资料的来源、日期、去向要有管理记录，形成一种系统性的管理方式。

⑤ 各单位不具有信息管理职能的个人或业务部门之间传递的信息，不能视为代表单位的正式传输信息。紧急情况或特殊情况下，必须立即由个人或各单位业务部门间直接传输信息时，事后应尽快按正常程序正式传递该信息。

⑥ 除合同文件有专门规定或建设单位另有指示外，建设单位各部门对施工单位有关质量的指示、规定和要求等，都应经由项目监理机构转发至施工单位；除合同文件有专门规定或建设单位另有指示外，同理，施工单位向建设单位报送的有关工程质量的文件、表报和要求，都需经项目监理机构审核，并转发，一般情况不得跨越。

⑦ 项目监理机构在收到建设单位转发的设计文件后，应尽快指派监理人员现按照程序进行审核，并将审核意见上报建设单位。

⑧ 对于工程质量事故或质量缺陷，施工单位、设计单位、建设单位和项目监理机构的四方中，不管谁先发现，都不得隐瞒，应尽快通知其他各方。不管何种原因造成质量事故或质量缺陷，施工单位应尽快提出事故或缺陷情况报告，为事故类型、原因分析判断，提出处理措施。

⑨ 施工单位报送的施工组织设计、各种报告、文函及各种报表等，应严格按照合同要求及监理细则以及建设单位的规定、通知等文件的要求整理、编制各种文件、资料，要全面、清晰和准确。若文件资料编制粗糙、资料不全，信息不准或重要内容欠缺的，监理单位有权要求补充、增加信息数量，直至将其退回，重新报送。

⑩ 监理人员应准确、及时地做好监理日志、各种现场值班监理记录，全面收集现场环境条件下施工单位资源投入（注意各级责任人员存岗情况）、设备运行情况、施工中存在的问题以及可能影响施工质量、进度、造价的其他事项等信息，并做好必要的分析、加工、交流和存储工作。

3. 监理信息管理岗位职责

（1）总监（或总监代表）职责

项目监理机构工程信息资料管理实行总监负责制，主持制定监理信息管理工作制度。对工程施工监理过程的相关内、外部文件和技术规范、规定、标准等技术文件、资料以及工程施工监理资料，在形成、收集、整理、归档过程中应注意及时性、真实性、完整性、准确性、有效性和追溯性，并按要求规定签署意见，对监理信息资料管理过程中存在的问题认真予以解决处置。

（2）监理人员职责

监理人员遵守项目监理机构监理信息管理工作制度。在总监的分工授权下，监理人员应对本专业监理资料的形成、收集、审核过程中的资料及时性、真实性、完整性、准确性、有效性和追溯性负责，并按规定签署意见。与此同时接受并积极配合资料管理专职人员（或兼职人员）对资料管理按要求规定的核查，满足由监理人员应提交的资料类别和时限，以及改正和完善的工作意见。

（3）信息管理员（或兼职员）的职责

① 负责设计图纸（含：工程变更、交底、洽商等工程施工作法依据类文件、资料）及时按规定要求登录、管理，并按专业发放，完善签收手续；

② 负责项目监理机构监理用仪器、设备、工具用具和技术书籍（规范、规程、标准、图集等）以及办公、生活设施、设备的领用登记、监督保管和工程监理结束后的归还手续；

③ 负责项目监理机构监理过程中，内、外部文件、资料的管理、登记和按总监意图的分发、传递、签发、收签及保存归档工作；

④ 负责工程施工监理资料按规定要求进行收集、整理和审核，并对资料形成的及时性、完整性、有效性和追溯性审查并负责，督促其资料要真实可靠；

⑤ 了解和掌握工程状况以及月进度部位，监督工程资料与实际部位同步；

⑥ 对信息资料的过程管理存在问题处置困难时，应向总监（总监代表）报告或建议；

⑦ 负责施工过程监理资料按规定进行归类、汇总、编辑、分档和保管；

⑧ 负责建立监理信息资料借阅、归还保管制度，并完善借还手续；

⑨ 负责工程监理资料于监理工作结束后，按规定要求进行归档整理，并移交建设单位和公司，且完善移交接受签字手续；

⑩ 负责项目监理机构日常文印和总监分派的其他工作。

4. 监理信息的整理、保存和归档

（1）监理信息的整理、立卷和归档，是在总监（总监代表）领导下，由监理人员执行。

建设单位有要求的还应接受其管理。

（2）归档信息的范同、内容和分类整理、立卷，以及签字、盖章等手续，应严格按照建设单位有关规定和监理细则执行。

（3）监理信息是工程建设的重要资料，它的收集、积累、整理、立卷是与项目建设同步进行的，必须严格防止损毁涂改、泄密等，不允许有虚假现象发生。

（4）凡需要立卷、归档的各种监理信息，都应做到书写材料优良、字迹清楚、数据准确、图像清晰、信息载体能够长期保存。

5. 监理信息管理工作方法及措施

（1）完善组织，挑选业务素质高、责任心强的信息管理人员。

（2）制订监理信息资料管理制度，并在总监的统一指导下，认真的组织实施。

（3）保证信息管理资源投入。项目监理机构应配备电脑、电话、打印机、数码相机、资料柜等信息管理办公设施设备，并开通互联网，充分利用网络资源加快信息传递，为建设监理业务顺利开展服务。

（4）督促各有关单位做好信息管理工作，严格收发文制度，确保工程的各种指令得以完整、准确、及时地执行，确保工程竣工资料符合规范及工程备案验收的有关规定。

（5）对工程项目所有的电子文件资料进行统一分类编号，进行系统管理。

（6）加强现场信息管理业务培训工作，不断提高信息管理人员业务水平。

（7）项目监理机构自身所形成的工程监理信息资料，统一使用格式化表式，规范化记录和填写。对填写和记录的内容以及用语的规范化、标准化和及时性等，总监采用定期和不定期地检查或抽查，对存在问题及时予以纠正，问题较多或重复性出现的提出批评，直至依情节采取必要的行政或经济处罚措施。

（8）信息管理员除认真做好按规定检索整理、分类立档、存放保管等工作外，在了解和掌握工程部位进展的基础上，督促和指导各监理专业人员信息资料的及时形成、收集、审核和签署，并且应完整、齐全和准确、有效。当有问题难于妥善解决时，及时同报总监，总监应予以支持并出面协调解决。

（9）项目监理机构于第一次工地例会监理交底时，同时交代监理信息资料管理制度和资料运行传递工序以及各相关工序报审时限的规定及要求。

（10）项目监理机构各监理人员在过程中严格工序报审附件材料审核，对其材料的完整性、准确性、有效性以及手续完善性等存在问题时，不予签许，并要求其补充、修正至合格，方可通过。

（11）专业监理人员严格将工程资料提交报审、报验同工序施工同步。凡未完善程序所应提交的相关呈报资料和未经监理检查签字核准，坚决不允许进入后工序施工作业。

（12）严格完成各相关分部工程备案验收和有关竣工工程验收资料填报内容的齐全、完善和签字手续后，逐级呈报签字盖章的程序。凡须监理单位签字盖章的地基与基础、主体结构、建筑节能等分部工程备案验收评估报告和人防、消防、电梯、工程竣工的竣工验收报告，其内容及相关数据不完善的，不予核定签字盖章；而工程竣工验收报告的各责任主体单位签字盖章需在程序验收通过后，才可予以办理。

（13）确保工程信息管理的准确性。“差之毫厘，谬以千里”，工程中也是如此，所以在语言文字上要一字不差。总监在批复和发文时要慎之又慎，否则将造成大错。为避免建设单位损失，准确无误是信息传递的一个根本前提。各方在文件传递之前，要进行仔细地审阅，项目监理机构要求各专业监理人员要认真斟酌，信息管理人员要认真打印，不得有遗漏和疏忽，思想上重视是准确无误的根本前提。

（14）确保工程信息管理的时效性。工程信息的时效性要及时在施工过程中体现出来，工程信息资料的收集要求监理人员在施工监理过程中与工程施工同步收集工程施工过程中形成的各类与工程建设有关的信息资料，以期达到事前控制、过程控制的目的。无论事前、事中和事后都必须及时发现问题，及时反馈问题，及时解决问题，使工程施工朝一个正确的方向进行。

6. 监理信息化管理

（1）利用计算机技术，做好监理信息的辅助管理

① 根据施工任务，项目监理机构配备必要的专职（或兼职）信息员和计算机管理员，保证计算机辅助系统能发挥正常效能。按有关要求，信息员应在规定的日期、时间以前，把从施工现场收集到的规定信息、内容，输入到建设单位计算机网络，为其了解情况、分析问题和决策判断提供参考资料。

② 为提高监理计算机辅助管理水平，根据监理工作需要，配备适当数量的计算机和辅助设备，以及必要的支持软件，以形成监理机构内部的信息管理网络，并与建设单位的网络系统连接。

③ 把整个项目作为一个系统加以处理，将项目中各项任务的各阶段和先后顺序，通过网络计划形式对整个系统统筹规划，并区分轻重缓急，对资源（人力、机械、材料、财力等）进行合理地安排和有效地加以利用，指导承包商以最少的时间和资源消耗来实现整个系统的预期目标，以取得良好的经济效益。

④ 项目监理机构配备高配置的计算机，并使用有关应用软件，对日常监理（三控制、三管理、一协调）工作进行全面的管理，做到科学化、制度化、规范化和现代化，大大减轻监理工程师处理日常琐碎事务的压力，提高工作效率。相信通过这些现代软件的辅助，监理单位在本项目中将为建设单位提供更完善、更高水平、更优质的监理服务。

⑤ 通过利用计算机辅助管理，使工地现场各类信息、文件和资料能够第一时间传送至建设单位、承包商及监理公司等各部门，保证各有关单位沟通方式的多样化和沟通渠道的畅通。

（2）利用信息管理应用软件，强化监理信息管理工作

在监理信息管理工作中，充分利用软件开发公司所开发的监理软件，如项目管理软件、OA 系统软件、财务管理软件、造价咨询软件等，加快监理信息传递及处理，有利于节省监理人力资源，提高监理工作效率。

（3）利用现代信息管理手段，提高监理信息管理效率和水平监理单位

应积极创造条件，提高监理技术含量和投入，利用互联网技术和相关监理项目管理软件，

强化监理信息流管理，保证监理信息及时、有效传递和处理。必须认识到信息和网络不仅是重要的战略资源，也是最重要的竞争方式和竞争手段。监理工作的信息化，一是产品生产过程信息化，包括建筑信息模型技术（BIM）、计算机辅助设计（CAD）、计算机辅助制造（CAM）、计算机辅助工艺编制（CAPP），也就是说从产品的设计、工艺编制到制造过程全部数字化；二是过程信息化，包括办公自动化（OA）、材料需求计划（MRP）、监理单位资源计划（ERP）、管理信息系统（MIS）、决策支持系统（DSS）、专家系统（E5）等；三是柔性制造系统（FRP）、数据政府（NC）和加工中（MC）；四是检验（CAI）、测试（CAT）、质量控制的信息化；五是计算机集成制造系统（CIMS）；六是互联网和内部网相互连接形成一个网络系统。信息化将带来以下 10 个方面的重大变化，监理行业应该牢牢把握住才行。

① 信息化将带来产业结构的巨大变化，表现在：在现代信息技术基础上产生了一大批以往产业革命时期所没有的新兴产业；传统产业体系步入衰退，利用信息技术对其改造，成为传统产业获得尊重的出路；服务业的发展使其越来越在国民经济中占主导地位。

② 信息化将带来生产要素结构与管理形式的变化，现代社会中，生产要素结构中的知识与技术的作用大大增强，已经成为第一生产力，而物质资料与资本的作用相对减弱。

③ 信息化将加速经济国际化进程，一方面表现在现代信息技术本身发展的国际化，另一方面表现在现代信息技术对整个经济国际化的推动。

④ 信息化将导致社会结构的变化，表现在城市化的分散趋向，家庭社会职能的强化，职业结构中知识与高技术化职业增多，工作方式与生活方式的变化等。

⑤ 信息化将监理单位管理实现信息化、网络化、个性化、知识与柔性管理。

⑥ 信息化将技术向着数字化、智能化、知识化、可视化、柔性化发展。

⑦ 信息化将产品呈现智能化、特色化、个性化、艺术化和市场周期短的特点。

⑧ 信息化将市场呈现全球化、网络化、无国界化与变化快的特点。

⑨ 在就业方面，从事信息、知识生产的劳动者就业率高，体力劳动者的失业率提高，监理单位文化是创新、合作与学习。

⑩ 经济增长的源泉是知识和信息，是专业化的人力资本。

（4）监理单位信息化建设应抓好的工作

监理行业的信息化建设在不知不觉中已开始，但存在着诸如信息观念滞后，认识不足，信息化投入低，没有对信息资源进行开发利用，对信息技术的应用欠缺，基础设施建设相对落后等问题，再加上从事信息和计算机人才相对缺乏（计算机操作与应用水平相对低下），制约了监理单位信息化建设步伐的进一步加快。在信息化发展的大背景下，物质资源的重要性已让位于信息资源，谁拥有准确、及时、可靠、全面的信息，谁就占有市场的主动权。因此，监理从业人员应该加强以下几方面的信息化建设工作。

① 加强信息基础设施建设工作。在继续做好现有的局域网和因特网维护及建设工作，加快局域网开发建设的同时，开展因特网的建设工作。在硬件设施建设上，重点是维护工作，必要时增加设备。围绕监理单位业务、开发需要和面向市场服务，全面提高信息服务水平，特别是在互联网上，做好信息收集、发布、开发和利用工作。在资源开发中，抓紧商品市场数据库、监理单位内外信息数据库等，不断丰富网上信息资源，稳步推进“电子商务”工程，重新整合现有网站，做好网站推广与监理单位形象推广（实际上，网站推广已包含监理单位

形象推广）。

② 加强用信息技术改造传统作业，积极推进监理单位信息化建设工作。监理单位将建筑信息模型技（BIM）、计算机辅助设计（CAD）、计算机辅助制造（CAM）、监理单位资源管理系统（ERP）、计算机工业控制和质量控制、网络技术等先进技术应用到生产经营中，用信息化推动监理单位生产经营管理的现代化。监理单位的信息系统建设以适应变革为主要目标来确定系统的结构、功能和资源配置。主要包括以下内容：

- 注重信息系统的发展与监理单位改革和发展相匹配，将信息系统的开发置于改革的大背景下实施；
- 加强信息资源的基础工作，为监理单位信息化创造良好的外部环境；
- 注重信息系统的动态开发，即注意了解外部环境和用户需求的变化，建立信息齐全、数据准确、适应与跟踪能力强的信息系统。

③ 积极稳妥地推进电子商务。由于监理单位对监理单位（B to B）的电子商务占全年网上交易总额的80%以上，远远高于监理单位对个人（B to C）和个人对个人（C to C）的交易总额之和，因此，应重点发展B to B的电子商务，为出口型监理单位，建立监理单位上网和开展电子商务是可取的也是必需的，及时总结，分析效益，做好监理单位上网的推广和普及工作。大力推进网络技术服务工作的市场化进程，做好计算机和网络应用基础知识的推广和普及工作，即提高在职人员计算机和网络应用水平。加强网络人才、网络操作人员的管理，使其协同监理单位各部门，如业务、采购、人力资源部，为监理单位上网，监理单位产品推广提供因特网搭建、网页制作、网络应用程序开发等技术支持工作。

④ 应与社会公众领域的信息化工作相联系。不要违反有关互联网法律法规，与当地文教、行政等部门保持联系，从中得知最新信息。

总之，伴随着知识经济、全球一体化及监理单位的生存与发展，监理单位产业不断拓展，进一步提高信息化认识，加快信息化建设步伐已成为必然，只要我们转变观念，提高对信息化建没的重视度，以管理信息化为主导（领导层），以实现监理单位信息化为基础，以实现监理单位产品走向世界为目标，一定会使监理单位有着灿烂的明天。

项目监理机构日常来往文件处理应设置《文件处理签》，其参考格式如表4-1所示。

表4-1 文件处理签

编号：

<table>
<tr><td colspan="2">来文单位</td><td colspan="3"></td><td>成文日期</td><td></td></tr>
<tr><td colspan="2">文件名称</td><td colspan="5"></td></tr>
<tr><td colspan="2">文件编号</td><td></td><td>收文人</td><td></td><td>收到日期</td><td></td></tr>
<tr><td colspan="2">主题词</td><td colspan="3"></td><td>份　数</td><td></td></tr>
<tr><td rowspan="2">监理机构
负责人
处理意见</td><td>转发</td><td colspan="5">☐建设单位　☐总承包　☐设计　☐专业施工　☐其他</td></tr>
<tr><td colspan="6">负责人签名：　　　　　日期：</td></tr>
</table>

（续表）

<table>
<tr><td rowspan="8">文件落实
情况</td><td rowspan="8">跟进人员：
日　　期：</td><td></td><td></td><td></td></tr>
<tr><td></td><td></td><td></td></tr>
<tr><td></td><td></td><td></td></tr>
<tr><td></td><td></td><td></td></tr>
<tr><td></td><td></td><td></td></tr>
<tr><td></td><td></td><td></td></tr>
<tr><td></td><td></td><td></td></tr>
<tr><td></td><td></td><td></td></tr>
<tr><td rowspan="6">文件处理情况</td><td colspan="2" rowspan="6">承办人：　　　　日期：</td><td></td><td></td></tr>
<tr><td></td><td></td></tr>
<tr><td></td><td></td></tr>
<tr><td></td><td></td></tr>
<tr><td></td><td></td></tr>
<tr><td></td><td></td></tr>
</table>

4.2 监理文件资料管理

1. 监理文件资料定义

（1）监理文件资料

《建设工程文件归档整理规范》（GB/T 50328）、《建筑工程资料管理规程》（JGJ/T 185）对监理文件资料的表述为：工程监理单位在履行建设工程监理合同过程中形成或获取的，以一定形式记录、保存的文件资料。

（2）监理文件资料管理

监理文件资料的收集、填写、编制、审核、审批、整理、组卷、移交及归档工作的统称，简称监理文件资料管理。

2. 监理文件资料一般规定

（1）项目监理机构应建立和完善信息管理制度，设专人管理监理文件资料。

（2）监理人员应如实记录监理工作，及时、准确、完整传递信息，按规定汇总整理、分类归档监理文件资料。

（3）监理单位应按规定编制和移交监理档案，并根据工程特点和有关规定，合理确定监理单位档案保存期限。

3. 监理文件资料的主要内容与分类

（1）新修订版《监理规范》规定的监理文件资料包括内容

① 勘察设计文件、建设工程监理合同及其他合同文件；

② 监理规划、监理实施细则；

③ 设计交底和图纸会审会议纪要；

④ 施工组织设计、（专项）施工方案、施工进度计划报审文件资料；

⑤ 分包单位资格报审文件资料；

⑥ 施工控制测量成果报验文件资料；

⑦ 总监任命书，工程开工令、暂停令、复工令，工程开工或复工报审文件资料；

⑧ 工程材料、构配件、设备报验文件资料；

⑨ 见证取样和平行检验文件资料；

⑩ 工程质量检查报验资料及工程有关验收资料；

⑪ 工程变更、费用索赔及工程延期文件资料；

⑫ 工程计量、工程款支付文件资料；

⑬ 监理通知单、工作联系单与监理报告；

⑭ 第一次工地会议、监理例会、专题会议等会议纪要；

⑮ 监理月报、监理日志、旁站记录；

⑯ 工程质量或生产安全事故处理文件资料；

⑰ 工程质量评估报告及竣工验收监理文件资料；

⑱ 监理工作总结。

（2）常用的监理文件资料分类方法

各监理单位应根据国家及省市的规定和要求，结合监理单位自身情况对现场项目监理文件资料进行管理和分类，也可参考字母编号方法进行分类和存档。

① A类：质量控制。

A-01 施工组织设计（方案）报审表

A-02 施工单位管理架构资质报审表

A-03 分包单位资格报审表

A-04 工作联系单

A-05 不合格项通知单

A-06 监理通知单/回复单

A-07 监理机构审查表

A-08 材料/构配件/设备报审表

A-09 模板安装工程报审表

A-10 模板拆除工程报审表

A-11 钢筋工程报审表

A-12 防水工程报审表

A-13 混凝土工程浇灌审批表

A-14 工程报验表

A-15 施工测量放线报验单

A-16 图纸会审记录

A-17 工程变更图纸

A-18 见证送检报告
A-19 监理规划
A-20 监理细则、方案
A-21 临理月报
A-22 监理例会纪要
A-23 专题会议纪要
A-24 监理日志
A-25 工程创优资料
A-26 工程质量保修资料
A-27 工程质量快报等
② B 类：进度控制。
B-01 工程开工/复工报审表
B-02 施工进度计划（调整）报审表
B-03 工程暂停令
B-04 工程开工/复工令
B-05 施工单位周报
B-06 施工单位月报等
③ C 类：投资控制。
C-01 工程款支付证书
C-02 施工签证单
C-03 费用索赔申请表
C-04 费用索赔审批表
C-05 已供材料（设备）选用、变更审批表
C-06 工程变更费用报审表
C-07 新增综合单价表
C-08 预算审查意见
C-09 工程竣工结算审核意见书等
④ D 类：安全管理。
D-01 安全监理法规文件资料
D-02 三级安全教育
D-03 施工安全评分表
D-04 施工机械（特种设备）报验资料
D-05 安全技术交底
D-06 特种作业上岗证、平安卡
D-07 重大危险源辨析及巡查资料
D-08 安全监理内部会议、培训资料
D-09 安全监理巡查表
D-10 每周安全联合巡查

D-11 监理单位巡查评分表

D-12 安全监理资料用表

⑤ E 类：合同管理。

E-01 合同管理台账

E-02 监理酬金申请表

E-03 工程临时延期申请表

E-04 工程临时延期审批表

E-05 工程最终延期审批表

E-06 工、料、机动态报表

E-07 合同争议处理意见书

E-08 工程竣工移交证书等

⑥ F 类：信息管理。

F-02 工程建设法定程序文件清单

F-02 监理人员资历资料

F-03 监理工作程序、制度及常用表格

F-04 施工机械进场报审表

F-05 监理单位来往文函

F-06 监理单位监理信息化文件

F-07 收发文登记本

F-08 传阅文件表

F-09 旁站记录

F-10 监理日志

F-11 工程质量评估报告

F-12 监理工作总结

F-13 监理声像资料等

⑦ G 类：组织协调。

G-01 建设单位来文、函件

G-02 设计单位来文、函件、施工图纸

G-03 施工单位来文、函件

G-04 其他单位文件

G-05 招标文件

G-06 投标文件

G-07 勘察报告

G-08 第三方工程检测报告

G-09 工程质量安全监督机构文件

G-10 建筑节能监理评估报告

⑧ H 类：项目监理机构管理。

H-01 总监任命通知书

H-02 项目监理机构印章使用授权书
H-03 项目监理机构设置通知书
H-04 项目监理机构监理人员调整通知书
H-05 项目监理机构监理人员执业资质证复印件
H-06 监理单位营业执照及资质证书复印件
H-07 监理办公设备、设施及检测试验仪器清单
H-08 项目监理机构考勤表
H-09 项目监理机构内部会议记录及监理工作交底资料
H-10 监理单位业务管理部门巡查、检查资料
H-11 监理单位发布实行的规章制度、规定、通知、要求等文件

4. 监理文件资料常用表式

《监理规范》列出：工程监理基本表式 25 个，分为 A 类表（工程监理单位用表）、B 类表（施工单位报审/验用表）和 C 类表（通用表）三类。其中，A 类表是工程监理单位对外签发的监理文件或监理工作控制记录用表，共有 8 个表式；B 类表由施工单位填写后报工程监理单位或建设单位审批或验收用表，共有 14 个表式；C 类表是工程参建各方的通用表，共有 3 个表式。《建设工程监理基本表式》如下所示。

① 附录 A：工程监理单位用表。
表 A.0.1 总监任命书
表 A.0.2 工程开工令
表 A.0.3 监理通知
表 A.0.4 监理报告
表 A.0.5 工程暂停令
表 A.0.6 旁站记录
表 A.0.7 工程复工令
表 A.0.8 工程款支付证书
② 附录 B：施工单位报审、报验用表。
表 B.0.1 施工组织设计、（专项）施工方案报审表
表 B.0.2 工程开工报审表
表 B.0.3 工程复工报审表
表 B.0.4 分包单位资格报审表
表 B.0.5 施工控制测量成果报验表
表 B.0.6 工程材料、构配件、设备报审表
表 B.0.7 报审/报验表
表 B.0.8 分部工程报验表
表 B.0.9 监理通知回复单
表 B.0.10 单位工程竣工验收报审表

表 B.0.11 工程款支付报审表
表 B.0.12 施工进度计划报审表
表 B.0.13 费用索赔报审表
表 B.0.14 工程临时/最终延期报审表
③ 附录 C：通用表。
表 C.0.1 工作联系单
表 C.0.2 工程变更单
表 C.0.3 索赔意向通知书

5. 监理文件资料归档与移交

1）监理文件资料归档范围和保管期限规定

（1）如表 4-2 所示，《建设工程文件归档整理规范》（GB/T50328）规定，以上 27 种监理文件资料都要移交给建设单位存档（纸质和电子文件），监理单位要长期存档的有 18 种（仅电子文件），城建档案馆存档的有 14 种（纸质和电子文件）。

表 4-2 《建设工程文件归档整理规范》

序号	归档文件	保存单位和保管期限				
		建设单位	施工单位	设计单位	监理单位	城建档案馆
1	监理规则	长期			短期	√
2	监理实施细则	长期			短期	√
3	监理部总控制计划等	长期			短期	
4	监理月报中的有关质量问题	长期			长期	√
5	监理会议纪要中的有关质量问题	长期			长期	√
6	工程开工/复工审批表	长期			长期	√
7	工程开工/复工暂停令	长期			长期	√
8	不合格项目通知	长期			长期	√
9	质量事故报告及处理意见	长期			长期	√
10	预付款报审与支付	短期				
11	月付款报审与支付	短期				
12	设计变更、洽商费用报审与签认	长期				
13	工程竣工决算审核意见书	长期				√
14	分包单位资质材料	长期				
15	供货单位资质材料	长期				
16	试验等单位资质材料	长期				
17	有关进度控制的监理通知	长期			长期	
18	有关质量控制的监理通知	长期			长期	
19	有关造价控制的监理通知	长期			长期	

（续表）

序号	归档文件	保存单位和保管期限				
		建设单位	施工单位	设计单位	监理单位	城建档案馆
20	工程延期报告及审批	永久			长期	√
21	费用索赔报告及审批	长期			长期	
22	合同争议、违约报告及处理意见	永久			长期	√
23	合同变更材料	长期			长期	√
24	专题总结	长期			短期	
25	监理月报	长期			短期	
26	工程竣工总结	长期			长期	√
27	工程质量评估报告	长期			长期	√

（2）根据《监理规范》〔监理文件资料管理〕的要求，项目监理机构应建立完善监理文件资料管理制度，设专人管理监理文件资料，应及时、准确、完整地收集、整理、编制、传递监理文件资料。应采用计算机技术进行监理文件资料管理，实现监理文件资料管理的科学化、程序化、规范化。及时整理、分类汇总监理文件资料，按规定组卷，形成监理档案。

（3）工程监理单位应根据工程特点和有关规定，保存监理档案，并向有关单位、部门移交需要存档的监理文件资料。

2）监理文件资料存档移交及管理要求

（1）建立健全文件、函件、图纸、技术资料的登记、处理、归档与借阅制度。文件发送与接收由现场监理机构（资料管理组）统一负责，并要求收文单位签收。存档文件由监理信息资料员负责管理，不得随意存放，凡有关手续，用后还原。

（2）工程开工前总监应与建设单位、设计单位、施工单位，对资料的分类、格式（包括用纸尺寸）、份数以及移交达成一致意见。

（3）监理文件资料的送达时间以各单位负责人或指定签收人的签收时间为准。设计、施工单位对收到监理文件资料有异议，可于接到该资料的 7 日内，向项目监理机构提出要求确认或要求变更的申请。

（4）项目总监定期对监理文件资料管理工作进行检查，公司每半年也应组织一次对项目监理机构“一体化”管理体系执行情况的检查，对存在问题下发整改通知单，限期整改。

（5）“一体化”管理体系运行中产生的记录由内审组保存，并每年年底整理归档交投标人档案室保存。项目监理机构撤销前，应整理本项目有关监理文件资料，填报《工程文件档案移交清单》，交监理单位业务管理部归档。

（6）为保证监理文件资料的完整性和系统性，要求监理人员平常就要注意监理文件资料的收集、整理、移交和管理。监理人员离开工地时不得带走监理文件资料，也不得违背监理合同中关于保守工程秘密的规定。

（7）监理文件资料应在各阶段监理工作结束后及时整理归档，按《建设工程文件归档整理规范》（GB/T 50328）、《电子文件归档与管理规范》（GB/T 18894）和《建设电子文件与电子档案管理规范》（CJJ/T 117）及当地建设工程质量监督机构、城市建设档案管理部门有关规定进行档案的编制及保存。档案资料应列明事件、题目、来源、概要、经办人、结果或其他情况，尽量做好内容和形式的统一。

（8）在工程完成并经过竣工验收后，项目监理机构应按监理合同规定，向建设单位移交监理文件资料。工程竣工存档资料应与建设单位取得共识，以使资料管理符合有关规定和要求。移交监理文件资料要登记造册、逐项清点、逐项签收，并在《监理文件资料移交清单》上完善经办人签名和移交、接收单位盖章手续。

（9）工程竣工验收合格后，项目监理机构应整理本项目相关的监理文件资料，对照当地城建档案管理部门有关规定，对遗失、破损的工程文件逐一登记说明，形成《监理文件资料移交清单》，交当地城建档案管理部门验收，取得《监理文件资料移交合格证明表》，连同工程竣工验收报告、备案验收证明等移交给监理单位资料室存档保存。

3）《建筑工程施工技术资料编制指南（2012 年版）》

（1）归档的时间

① 根据建设程序和工程特点，归档可以分阶段分期进行，也可以在单位或分部工程通过验收后进行；

② 勘察、设计单位应当在任务完成时，施工、监理单位应当在工程竣工验收前，将各自形成的有关工程档案向建设单位归档；

③ 勘察、设计、施工单位在收齐工程文件并整理立卷后，建设、监理单位应根据城市建设档案馆（以下简称市城建档案馆）的要求对文件完整、准确、系统情况进行审查，审查合格后向建设单位移交。

（2）归档的套数

① 工程档案不少于两套，一套由建设单位保管，一套（原件）移交市城建档案馆；

② 勘察、设计、施工、监理等单位向建设单位移交档案时，应编制移交清单，双方签字、盖章后方可交接；

③ 凡设计、施工及监理单位需要向本单位归档的文件，应按国家有关规定单独立卷归档。

（3）归档的样式

文字材料厚度不超过 3cm，图纸厚度不超过 4cm；印刷成册的工程文件保持原状。

参考文献

[1] 韦海民，郑俊耀. 建筑工程监理实务 [M]. 北京：中国计划出版社，2006.

[2] 王长永. 工程建设监理概论 [M]. 北京：中国计划出版社，2004.

[3] 中国建设监理协会，建设工程监理概论 [M]. 北京：中国计划出版社，2004.

[4] 潘明远. 建设工程质量事故分析与处理 [M]. 北京：中国电力出版社，2007.

[5] 张敏，林滨滨. 工程监理实务模拟 [M]. 北京：中国建筑工业出版社，2009.

[6] 何伯森. 工程项目管理的国际惯例 [M]. 北京：中国建筑工业出版社，2007.

[7] 林寿，杨嗣信. 设备安装工程应用技术 [M]. 北京：中国建筑工业出版社，2009.

[8] 武佩牛. 建筑施工组织与进度控制 [M]. 北京：中国建筑工业出版社，2006.

[9] 仲景冰，周露. 工程项目管理 [M]. 北京：北京大学出版社，2006.

[10] 周松盛，周露. 建筑工程质量通病预控手册 [M]. 合肥：安徽科学技术出版社，2005.

[11] 韦节廷. 建筑设备工程 [M]. 武汉：武汉理工大学出版社，2004.

[12] 何伯森，张水波. 国际工程合同管理 [M]. 北京：中国建筑工业出版社，2005.

[13] 朱宏亮. 国际经济合作与法律基础 [M]. 北京：中国建筑工业出版社，1996.

[14] 邱闯. 国际工程合同原理与实务 [M]. 北京：中国建筑工业出版社，2002.

[15] 中国建设监理协会. 建设工程合同管理 [M]. 北京：中国建筑工业出版社，2013.

[16] 中国建设监理协会. 建设工程监理概论 [M]. 北京：知识产权出版社，2009.

[17] 中国建设监理协会. 建设工程投资控制 [M]. 北京：知识产权出版社，2005.

[18] 中国建设监理协会. 建设工程质量控制 [M]. 北京：知识产权出版社，2005.

[19] 刘志麟，孙刚. 工程建设监理案例分析教程 [M]. 北京：北京大学出版社，2011.

[20] 马虎臣，马振川. 建筑施工质量控制技术 [M]. 北京：中国建筑工业出版社，2007.

[21] 巢慧军. 建筑工程施工阶段测量的监理要点 [J]. 学术期刊，2004.

[22] 桑希海. 如何控制钢筋混凝土质量通病 [J]. 学术期刊，2012.

[23] 李昱. 浅析建设工程监理进度控制 [J]. 学术期刊，2003.

[24] 梅钰. 如何承担监理的安全责任 [J]. 学术期刊，2005.

[25] 高惠. 浅谈监理企业如何对安全生产进行监督与管理 [J]. 学术期刊，2012.

[26] 李风. 建筑节能与高新技术 [J]. 学术期刊，2004.

[27] 黄乾. 谈工程监理信息的管理 [J]. 学术期刊，2001.

[28] 建筑施工手册（第五版）编写组. 建筑施工手册（第五版）[M]. 北京：中国建筑工业出版社，2012.

参考文献